U0317516

计算机应用基础

（Windows 7+Office 2010）

赵帮华　汤　东　主　编

蔡小莉　刘　熙　副主编

Office

 化学工业出版社

·北京·

本教材是依据职业院校教学要求，结合《全国计算机等级考试一级 MS Office 考试大纲（2018 年版）》编写而成的。操作系统和软件环境要求为 Windows 7+ Microsoft Office 2010。

本教材内容包括计算机基础知识、计算机网络基础及应用、Windows 7 操作系统及其操作、Word 2010 的使用、Excel 2010 的使用和 PowerPoint 2010 的使用等，实训侧重于 Windows 7 操作系统、Word、Excel、PowerPoint 三个部分的实际应用，并配套习题教材进行了知识扩展，使教材内容更加完善。教材中提供了大量的实例和操作步骤图，帮助读者理解。

本书可以作为高等职业院校的 MS Office 应用教学用书，也可作为计算机爱好者的自学参考书。通过本教材的学习，使读者对计算机基础和计算机网络知识有一个全面的了解，并能熟练掌握 Windows 7 操作系统、Word、Excel、PowerPoint 和计算机网络的应用，培养读者的计算机应用能力和解决问题的能力。

图书在版编目（CIP）数据

计算机应用基础：Windows 7+Office 2010/赵帮华，汤东主编. —北京：化学工业出版社，2019.2（2021.2重印）
ISBN 978-7-122-33571-5

Ⅰ.①计… Ⅱ.①赵… ②汤… Ⅲ.①Windows 操作系统-高等职业教育-教材②办公自动化-应用软件-高等职业教育-教材 Ⅳ.①TP316.7②TP317.1

中国版本图书馆 CIP 数据核字（2018）第 298101 号

责任编辑：姜 磊 窦 臻　　　　　　　装帧设计：张 辉
责任校对：宋 玮

出版发行：化学工业出版社(北京市东城区青年湖南街 13 号 邮政编码 100011)
印　　装：三河市延风印装有限公司
787mm×1092mm　1/16　印张 15　字数 376 千字　2021 年 2 月北京第 1 版第 5 次印刷

购书咨询：010-64518888　　　　　　　售后服务：010-64518899
网　　址：http://www.cip.com.cn
凡购买本书，如有缺损质量问题，本社销售中心负责调换。

定　　价：42.00 元　　　　　　　　　　　　　　　版权所有　违者必究

前 言

  随着科学技术的飞速发展，计算机技术已成为当今各行各业工作岗位必备的基本技能之一，对于新时代的大学生而言，掌握计算机应用能力与提高信息素养，则显得十分重要。本教材为满足不同层次职业院校的教学要求，实现培养高素质技术技能型人才的目标，结合《全国计算机等级考试一级 MS Office 考试大纲（2018 年版）》编写而成，操作系统和软件环境要求为 Windows 7+ Microsoft Office 2010。

  本教材突出以能力培养为核心，紧密围绕计算机等级考试相关考点，设计教学内容，选取教学案例，着重培养学生的实践能力。课程内容层次分明，由浅入深，图文并茂，十分便于教学实施，以及读者自主学习。

  本教材主要内容包括计算机基础知识、计算机网络基础及应用、Windows 7 操作系统及其操作、Word 2010 的使用、Excel 2010 的使用和 PowerPoint 2010 的使用等。通过本教材的学习，使读者具备计算机应用能力和解决相关问题的能力。

  本教材由重庆化工职业学院赵帮华、汤东担任主编，重庆化工职业学院蔡小莉、刘熙担任副主编。具体编写分工如下：蔡小莉（第 1、第 2 章）、汤东（第 3 章）、刘熙（第 4 章）、赵帮华（第 5 章）、汤东（第 6 章、附录）。

  本教材在编写过程中参考了相关教材和资料，在此向这些作者表示衷心的感谢！

  由于编者水平有限，难免有不足和疏漏之处，敬请各位同仁和广大读者给予批评指正。

编　者

2018 年 11 月

目 录

第3章 Windows 7操作系统及其操作

第4章 Word 2010的使用

第5章 Excel 2010的使用

第6章 PowerPoint 2010的使用

附录

参考文献

第 1 章　计算机基础知识

学习目的与要求

- ➢ 了解计算机的发展历史
- ➢ 掌握计算机的特点、分类以及应用领域
- ➢ 掌握计算机中信息的表示与存储方法
- ➢ 掌握计算机系统的组成
- ➢ 了解多媒体计算机
- ➢ 掌握计算机病毒及其防治
- ➢ 掌握信息技术和信息安全知识

1.1　计算机概述

计算机（Computer）俗称电脑，是 20 世纪最先进的科学技术发明之一，计算机技术是当代众多新兴技术中发展最快、应用最广的一项技术，对人类的生产活动和社会活动产生了极其重要的影响。它的应用从最初的军事计算扩展到社会的各个方面，遍及学校、机关、企事业单位等，进入寻常百姓家，成为人们生产生活必不可少的工具。本节主要介绍计算机的发展历程、发展趋势、特点、分类、应用领域等。

1.1.1　计算机的发展历程

计算机最早的诞生源于解决大量的科学计算问题。计算工具的演化经历了由简单到复杂、从低级到高级的不同阶段，例如从"结绳记事"中的绳结到算盘、计算尺、机械计算机、电子计算器等。现代电子计算机的研制也经历了从简单到复杂，从低级到高级的过程。

1889 年，美国科学家赫尔曼·何乐礼研制出以电力为基础的电动制表机，用以储存计算资料。1930 年，美国科学家范内瓦·布什造出世界上首台模拟电子计算机。

1946 年，由美国军方定制的世界上第一台电子计算机"电子数字积分计算机"（Electronic Numerical And Calculator，简称 ENIAC）在美国宾夕法尼亚大学问世。如图 1-1 所示。ENIAC（中文名：埃尼阿克）是为了满足武器试验场计算弹道需要而研制成的。这台计算器使用了近

18000 支电子管，占地 $170m^2$，重达 28t，功耗为 170kW，其运算速度可实现每秒 5000 次的加法运算，比当时最快的计算工具快 300 倍。ENIAC 的问世具有划时代的意义，表明电子计算机时代的到来。

图 1-1　世界上第一台电子数字积分计算机

自从第一台计算机问世以来，计算机技术以前所未有的速度迅猛发展。通常根据计算机所使用的"电子元件"，将计算机的发展划分为四个阶段，也称为四个时代，即电子管时代、晶体管时代、中小规模集成电路时代、大规模和超大规模集成电路时代。

第一代：电子管计算机（1946～1957 年）

主要元件采用的是电子管，主存储器采用汞延迟线、阴极射线示波管静电存储器、磁鼓、磁芯；外存储器采用的是磁带；运行的软件多采用的是机器语言、汇编语言；应用领域以科学计算为主。特点是体积大、功耗高、可靠性差，速度慢、价格昂贵；第一代计算机为以后计算机的发展奠定了基础。

第二代：晶体管计算机（1958～1964 年）

主要元件采用的是晶体管，主存储器采用磁芯，外存储器已开始使用更先进的磁盘；出现了各种各样的高级语言以及编译程序；应用领域以科学计算和事务处理为主，并开始进入工业控制领域；特点是体积缩小、能耗降低、可靠性提高、运算速度提高、性能比第 1 代计算机有很大的提高。

第三代：中小规模集成电路计算机（1965～1970 年）

主要元件采用中、小规模集成电路，主存储器仍采用磁芯；出现了分时操作系统以及结构化、规模化程序设计方法；特点是速度更快，而且可靠性有了显著提高，价格进一步下降，产品走向了通用化、系列化和标准化等；应用领域开始进入文字和图形图像处理领域。

第四代：大规模和超大规模集成电路计算机（1971 年至今）

主要元件采用大规模和超大规模集成电路；出现了数据库管理系统、网络管理系统和面向对象语言等；运算速度可达百万至数亿亿次/秒；应用领域从科学计算、事务管理、过程控制逐步应用于各个领域。

计算机的发展阶段及其特征如表 1-1 所示。

1971 年世界上第一台微处理器在美国硅谷诞生，开创了微型计算机的新时代。另一方面，利用大规模、超大规模集成电路制造的各种逻辑芯片，已经制成了体积并不很大，但运算速度可达每秒一亿甚至几十亿次的巨型计算机。1983 年"银河-Ⅰ"亿次计算机研制成功，如

图 1-2 所示，生产安装 3 台，是我国第一台自主研制的亿次计算机系统，使我国成为继美、日之后世界上第三个能研制巨型机的国家。继"银河-Ⅰ"这一巨型机以后，我国又于 1993 年研制成功运算速度更快的"银河-Ⅱ"巨型计算机。

表 1-1　计算机的发展阶段及其特征

发展阶段	起止年份	主要电子元件	运算速度	软件特点	应用领域
第一代	1946～1957	电子管	每秒千次至数万次	机器语言、汇编语言	科学计算
第二代	1958～1964	晶体管	每秒 10 万次，高达 300 万次	高级语言	科学计算、事务处理、工业过程控制
第三代	1965～1970	中小规模集成电路	每秒百万次至数千万次	结构化程序设计	科学计算、事务处理、工业过程控制、文字、图形图像处理
第四代	1971 年至今	大规模、超大规模集成电路	每秒千万次至数亿亿次	数据库管理系统、面向对象语言、网络管理系统	各个领域

图 1-2　"银河-Ⅰ"计算机

1.1.2　计算机的发展趋势

（1）计算机的发展方向

随着科技的进步，各种计算机技术、网络技术的飞速发展，计算机的发展已经进入了一个快速而又崭新的时代。计算机已经从功能单一、体积较大发展到了功能复杂、体积微小、资源网络化等并朝着不同的方向延伸，当前计算机技术正向着微型化、网络化、智能化和巨型化的方向发展。

① 微型化　随着微处理器的出现，计算机中开始使用微型处理器，使计算机体积缩小了，成本降低了。20 世纪 70 年来，从台式电脑到笔记本电脑再到掌上电脑、平板电脑，计算机的体积逐步微型化，为人们提供便捷的服务。计算机理论和技术上的不断完善促使微型计算机很快渗透到全社会的各个行业和部门中，并成为人们生活和学习的必需品。未来计算机仍会不断趋于微型化，体积将越来越小。

② 网络化　20 世纪 90 年代以来，随着 Internet 的飞速发展，计算机网络已广泛应用于

各个领域。互联网将世界各地的计算机连接在一起，从此进入了互联网时代，人们通过互联网共享资源，交换信息，协同工作，极大地提高了使用计算机的便捷性，计算机网络化彻底改变了人类世界，未来计算机将会进一步向网络化方面发展。

③ 智能化　现代计算机具有强大的功能和运行速度，但与人脑相比，其逻辑能力和自动化程度仍有待提高。人类不断在探索如何让计算机能够更好地反映人类思维，可以通过思考与人类沟通交流，抛弃以往的依靠通过编码程序来运行计算机的方法，直接对计算机发出指令。计算机人工智能化是未来发展的必然趋势。

④ 巨型化　巨型化是指为了适应尖端科学技术的需要，研制具有极快的运算速度，超大容量的存储空间，功能更加强大和完善的超级计算机。此类计算机主要应用于航空航天、生物工程、军事、人工智能等领域。计算机朝着巨型化方向发展也预示着计算机的功能更加的多元化。

（2）未来的新一代计算机技术

从计算机的产生及发展可以看出，目前计算机技术的发展都是以电子技术的发展为基础的，集成电路芯片是计算机的核心部件。然而，以硅为基础的芯片制造技术的发展不是无限的。利用纳米技术、光技术、生物技术和量子技术研究新一代计算机成为未来计算机研究的焦点。

① 分子计算机　分子计算机体积小、耗电少、运算快、存储量大。分子计算机完成一项运算，所需的时间仅为 10×10^{-12}s，比人的思维速度快 100 万倍；分子计算机具有惊人的存储能力，$1m^3$ 的 DNA 溶液可存储 10^{20} 个二进制数据；分子计算机消耗的能量也只有电子计算机的十亿分之一。

② 量子计算机　量子计算机是利用原子所具有的量子特性进行信息处理的一种全新概念的计算机。量子计算机处理数据时不是分步进行而是同时完成。只要 40 个原子一起计算，就相当于今天一台超级计算机的性能。

③ 光子计算机　光子计算机是一种由光信号进行数字运算、逻辑操作、信息存储和处理的新型计算机。如图 1-3 所示。由于光子比电子速度快，它的存储量是现代计算机的几万倍，还可以对语言、图形和手势进行识别与合成。随着现代光学与计算机技术、微电子技术相结合，许多国家都投入巨资进行光子计算机的研究，在不久的将来，光子计算机将成为人类普遍的工具。1990 年初，美国贝尔实验室研制成世界上第一台光子计算机。

④ 纳米计算机　纳米计算机是用纳米技术研发的新型高性能计算机。应用纳米技术研制的计算机内存芯片，其体积只有数百个原子大小，相当于人的头发丝直径的千分之一。纳米计算机不仅几乎不需要耗费任何能源，而且其性能要比今天的计算机强大许多倍。

⑤ 生物计算机　生物计算机是一种有知识、会学习、能推理的计算机，具有能理解自然语言、声音、文字和图像的能力，并且具有说话的能力，使人机能够用自然语言直接对话，它可以利用已有的和不断学习到的知识，进行思维、联想、推理，并得出结论。20 世纪 80 年代以来，生物工程学家对人脑、神经元和感受器的研究倾注了很大精力，以期研制出可以模拟人脑思维、低耗、高效的第六代计算机——生物计算机。

图 1-3　光子计算机

1.1.3　计算机的特点及其分类

（1）计算机的特点

计算机可以进行数值计算，又可以进行逻辑计算，还具有存储记忆功能，是能够按照程序运行，自动、高速处理海量数据的现代化智能电子设备。计算机不同于其它一般的计算工具，有其自身的特点，归纳起来主要表现在以下几个方面。

① 运算速度快　计算机的运算速度是指单位时间内所能执行指令的条数，一般用每秒钟能执行多少条指令来描述，其常用单位是 MIPS（Million Instruction Per Second），即百万条指令每秒。当今计算机系统的运算速度已达到每秒 10^{16} 次，微机也可达每秒 10^8 次以上，使大量复杂的科学计算问题得以解决。例如：大型桥梁工程的计算、气象问题的计算人工完成需要几年甚至几十年，而用计算机只需几分钟就可完成。

② 计算精度高　目前计算机的计算精度已达到小数点后上亿位，是任何其它计算工具所望尘莫及的。理论上通过一定的技术手段，计算机可以实现任何精度要求的计算，计算机的计算精度是不受限制的。

③ 存储容量大　计算机的存储能力是计算机区别于其它计算工具的重要特征。计算机内部的存储器具有记忆特性，可以存储大量数字、文字、图像、视频、声音等各类信息。目前计算机的存储容量越来越大，已高达千兆数量级。

④ 逻辑判断能力强　计算机不仅能解决数值计算问题，还能解决非数值计算问题。在相应程序的控制下，计算机能对信息进行比较和判断，分析命题是否成立，并可根据命题成立与否做出相应的处理。人是有思维能力的，思维能力本质上是一种逻辑判断能力，人类也在积极探索利用计算机的逻辑判断能力，让计算机也学会"思考"。

⑤ 自动化程度高　计算机的存储记忆能力和逻辑判断能力保证了计算机信息处理的高度自动化。人们可以将预先编好的程序输入计算机，在程序控制下计算机可以连续、自动地一步一步完成工作，不需要人的干预。

（2）计算机的分类

计算机及相关技术的迅速发展带动计算机类型也不断分化，形成了各种不同种类的计算机，可以按照不同的标准对其进行分类。

① 按照信息的表示方式分类　根据信息在计算机中的表示方式可分为数字计算机和模拟计算机。数字计算机是通过电信号的有无来表示数，并利用算术和逻辑运算法则进行计算的。它具有运算速度快、精度高、灵活性大和便于存储等优点，因此适合于科学计算、信息处理、实时控制和人工智能等应用。我们通常所用的计算机，一般都是指的数字计算机。

模拟计算机是通过电压的大小来表示数，即通过电的物理变化过程来进行数值计算的。其优点是速度快，在模拟计算和控制系统中应用较多，但通用性不强，信息不易存储，且计算机的精度受到了设备的限制。因此，不如数字计算机的应用普遍。

② 按照用途分类　按照计算机的用途分为专用计算机和通用计算机。专用计算机具有单一性、使用范围小甚至专机专用的特点，它是为了解决一些专门的问题而设计制造的。一般来说，模拟计算机通常都是专用计算机。通用计算机具有用途多、配置全、通用性强等特点，我们通常所说的以及本书所介绍的都是指通用计算机。

③ 按照性能分类　在对计算机进行分类时较为普遍的是按照计算机的运算速度、字长、存储容量、处理能力等综合性能指标来分，可分为巨型机、大型机、中型机、小型机、微型

机和工作站。

巨型机运算速度快，存储量大，结构复杂，价格昂贵，主要用于尖端科学研究领域。大型机是对一类计算机的习惯称呼，本身并无十分准确的技术定义。其规模仅次于巨型机，通常人们称大型机为"企业级"计算机。中型机的标准是计算速度每秒 10 万至 100 万次，字长 32 位、主存储器容量为 1 兆以下的计算机，主要用于中小型局部计算机通信网中的管理。小型机机器规模小、结构简单、设计试制周期短，便于及时采用先进工艺。微型机（又称为个人计算机）目前发展最快，应用范围最广。工作站是一种高档的微机系统。它具有较高的运算速度，既具有大、中、小型机的多任务、多用户能力，又兼具微型机的操作便利和良好的人机界面。它的应用领域也已从最初的计算机辅助设计扩展到商业、金融、办公领域，并频频充当网络服务器的角色。

1.1.4　计算机的应用领域

（1）计算机的主要应用领域

计算机问世之初主要用于科学计算，因而得名"计算机"。而今计算机的应用领域已渗透到社会的各行各业，正在改变着人们传统的工作、学习和生活方式，推动着社会的发展。归纳起来计算机主要应用于以下几个方面。

① 科学计算　也称数值计算，是指利用计算机来完成科学研究和工程技术中提出的数学问题的计算。在现代科学技术工作中，存在大量复杂的科学计算问题，利用计算机运算速度快、计算精度高、具有存储记忆功能等特点，可以实现人工无法解决的各种科学计算问题，达到事半功倍的效果，大大缩短工作周期，提高工作效率，节约人力、物力、财力。

② 数据处理　也称信息管理或事物处理，是指对各种数据进行收集、存储、整理、分类、统计、加工、传播等一系列活动的统称。据统计，80%以上的计算机主要用于数据处理。目前，数据处理已广泛地应用于办公自动化、企事业管理、电影电视动画设计、娱乐、游戏、会计电算化等各行各业。

③ 计算机辅助系统　计算机辅助系统是利用计算机辅助完成不同类任务的系统的总称。计算机辅助系统常用的有计算机辅助设计（CAD）、计算机辅助教学（CAI）、计算机辅助制造（CAM）、计算机辅助测试（CAT）等。

a．计算机辅助设计（Computer Aided Design，简称 CAD）　计算机辅助设计是利用计算机系统辅助设计人员进行工程或产品设计，以缩短设计周期，提高设计质量，达到最佳设计效果的一种技术。它已广泛地应用于机械、电子、建筑和轻工等领域。例如，在机械设计过程中，可以利用 CAD 技术绘制机械零部件图纸，提高设计速度和设计质量。

b．计算机辅助教学（Computer Aided Instruction，简称 CAI）　计算机辅助教学是利用计算机系统使用课件来进行教学。课件可以用制作工具或高级语言来开发制作，它能引导学生循环渐进地学习，使学生轻松自如地从课件中学到所需要的知识。CAI 的主要特色是交互教育、个别指导和因材施教。

c．计算机辅助制造（Computer Aided Manufacturing，简称 CAM）　计算机辅助制造是利用计算机系统进行生产设备的管理、控制和操作的过程。例如，在产品的制造过程中，用计算机控制机器的运行，处理生产过程中所需的数据，控制和处理材料的流动以及对产品进行检测等。使用 CAM 技术可以提高产品质量，降低成本，缩短生产周期，提高生产率和改善劳动条件。

d. 计算机辅助测试（Computer Aided Test，简称 CAT）　计算机辅助测试是指利用计算机协助进行测试。可应用于对教学效果和学习能力的测试，也可进行产品测试，软件测试等。

④ 过程控制　采用计算机进行过程控制，不仅可以大大提高控制的自动化水平，而且可以提高控制的及时性和准确性，从而改善劳动条件、提高产品质量及合格率。因此，计算机过程控制已在机械、冶金、石油、化工、纺织、水电、航天等行业得到广泛的应用。这不只是控制手段的改变，而且拥有众多优点。第一，能够代替人在危险、有害的环境中作业。第二，能在保证同样质量的前提下连续作业，不受疲劳、情感等因素的影响。第三，能够完成人所不能完成的有高精度、高速度、时间性、空间性等要求的操作。

⑤ 人工智能　人工智能是计算机模拟人类的智能活动，诸如感知、判断、理解、学习、问题求解和图像识别等。人工智能是计算机科学发展以来一直处于前沿的研究领域，现在人工智能的研究已取得不少成果，有些已开始走向实用阶段。例如，能模拟高水平医学专家进行疾病诊疗的专家系统，具有一定思维能力的智能机器人等。

⑥ 计算机网络　计算机技术与现代通信技术的结合构成了计算机网络。计算机网络的建立，不仅解决了一个单位、一个地区、一个国家中计算机与计算机之间的通信，各种软、硬件资源的共享，也大大促进了国际间的文字、图像、视频和声音等各类数据的传输与处理。通过网络，人们坐在家里通过计算机便可预定车票、可以购物，从而改变了传统服务业、商业单一的经营方式。通过网络，人们还可以与远在异国他乡的亲人、朋友实时地传递信息，大大地缩短了人们之间的距离。

（2）计算机新技术应用

随着计算机技术的发展，计算机的功能已远远超过最初作为"计算的机器"这样狭义的概念。近几年由于网络技术的进步，计算机领域出现的新技术也被越来越多地广泛应用于更多新兴领域。

① 人工智能　人工智能是研究用计算机来模拟人的思维过程和智力行为的学科，制造类似于人脑智能的计算机，使计算机能实现更高层次的应用。人工智能就其本质而言，是对人的思维的信息过程的模拟。

进入 21 世纪，人工智能在计算机领域内，得到了愈加广泛的重视，以计算机为基础的人工智能技术取得了一些进展，典型的例子就是人机对弈。2016 年 3 月，阿尔法围棋与围棋世界冠军、职业九段棋手李世石进行围棋人机大战，以 4 比 1 的总比分获胜。

② 云计算　云计算是基于互联网的相关服务的增加、使用和交付模式，通常涉及通过互联网来提供动态易扩展且经常是虚拟化的资源。云是网络、互联网的一种比喻说法。互联网上的云计算服务特征和自然界的云、水循环具有一定的相似性，因此，云是一个相当贴切的比喻。

近几年，云计算作为一个新的技术趋势已经得到了快速地发展和广泛应用，例如阿里云分担 12306 流量压力、浙江交通厅用阿里云大数据预测 1 小时后堵车、云上贵州公安交警云等。

③ 大数据　大数据指无法在一定时间范围内用常规软件工具进行捕捉、管理和处理的数据集合。大数据技术的战略意义不在于掌握数据信息的量有多庞大，而在于对这些含有意义的数据进行专业化处理，即如何提高对数据的加工能力，使数据经过加工后实现数据的增值。

1.2 计算机中信息的表示

计算机要处理的内容是多种多样的，如数字、文字、符号、图形、图像和语言等。但是计算机无法直接"理解"这些内容，所以在计算机内部专门有一种表示信息的形式。

1.2.1 信息和数据

（1）信息和数据的概念

信息是指现实世界事物的存在方式或运动状态的反应。信息具有可感知性、可存储性、可加工性、可传递性和可再生性等自认属性。

信息处理是指信息的收集、加工、存储、传递及使用过程。

数据是对客观事物的符号表示。数值、文字、语言、图形、图像等都是不同形式的数据。

信息和数据这两个概念既有联系又有区别。数据是反映客观事物属性的记录，是信息的具体表现形式或载体；信息是数据的语义解释，是数据的内涵。数据经过加工处理之后，就成为信息；而信息需要经过数字化转变成数据才能存储和传输。数据是数据采集时提供的，信息是从采集的数据中获取的有用信息。

（2）计算机中的信息

计算机内部均采用二进制来表示各种信息，但计算机与外部交互仍采用人们熟悉和便于阅读的形式，如十进制数、文字、声音、图形图像等，其间的转换则由计算机系统的硬件和软件来实现。那么在计算机内部为什么要用二进制来表示各种信息呢？主要有以下几个方面的原因。一是电路简单，易于表示。计算机是由逻辑电路组成的，逻辑电路通常只有两个状态。例如开关的接通和断开，电压的高与低等。这两种状态正好用来表示二进制的两个数码0和1。若是采用十进制，则需要有十种状态来表示十个数码，实现起来比较困难。二是可靠性高。两种状态表示两个数码，数码在传输和处理中不容易出错，因而电路更加可靠。三是运算简单。二进制数的运算规则简单，无论是算术运算还是逻辑运算都容易进行。四是逻辑性强。计算机不仅能进行数值运算而且能进行逻辑运算。逻辑运算的基础是逻辑代数，二进制的两个数码1和0，恰好代表逻辑代数中的"真"和"假"。

（3）计算机中的数据单位

计算机中数据最小的单位是位，存储容量的基本单位是字节，除此之外还有千字节、兆字节、吉字节等。

① 位（bit） 位是数据的最小单位，用来表示存放的一位二进制数，即0或1。在计算机中，采用多个数字（0和1的组合）来表示一个数时，其中的每一个数字称为1位。

② 字节（Byte） 字节是计算机表示和存储信息的最常用、最基本单位。1个字节由8位二进制数组成，即1Byte=8bit。

比字节表示的存储空间更大的有千字节、兆字节、吉字节等，不同数据单位之间的换算关系为：

字节 B   1Byte=8bit

千字节 kB $1kB=1024B=2^{10}B$

兆字节 MB $1MB=1024kB=1024\times1024B$

吉字节 GB $1GB=1024MB=1024\times1024kB$

太字节 TB   1TB=1024GB=1024×1024MB

③ 字长　人们将计算机一次能够并行处理的二进制位称为该机器的字长。字长直接关系到计算机的精度、功能和速度，是计算机的一个重要指标，字长越长，处理能力就越强。计算机型号不同，其字长也不同，通常字长是字节的整数倍，如 8 位、16 位、32 位、64 位等。

1.2.2　进位计数制及其转换

在日常生活中，最常使用的是十进制数，而计算机内部在进行数据处理时，使用的是二进制数，由于二进制表示数时书写较长，有时为了理解和书写方便也用到八进制和十六进制，但它们最终都要转化成二进制数后才能在计算机内部进行加工和处理。

（1）**进位计数制**

进位计数制是利用固定的数字符号和统一的规则来计数的方法。计算机中常见的有十进位计数制、二进位计数制、八进位计数制、十六进位计数制等。

一种进位计数制包含一组数码符号和三个基本因素。

数码：一组用来表示某种数制的符号。例如，十进制的数码是 0、1、2、3、4、5、6、7、8、9；二进制的数码是 0、1。

基数：某数制可以使用的数码个数。例如，十进制可以使用的数码有 10 个，基数为 10；二进制可以用的数码只有 0 和 1 两个，基数为 2。

数位：数码在一个数中所处的位置（小数点左侧的第一位为 0 开始）。

权：权是以基数的底，数位为指数的整数次幂，表示数码在不同位置上的数值。

例如：十进制 12670 中，数码 6 的数位是 2，权是 10^2。

表 1-2 中十六进制的数码除了十进制的 10 个数字符号外，还使用了 6 个英文字母：A，B，C，D，E，F。它们分别等于十进制的 10，11，12，13，14，15。

表 1-2　计算机中常用的几种进位计数制的表示

进位数	基数	数码	权	进位规则	形式表示
二进制	2	0，1	2^n	逢二进一	B
十进制	10	0，1，2，3，4，5，6，7，8，9	10^n	逢十进一	D
八进制	8	0，1，2，3，4，5，6，7	8^n	逢八进一	O
十六进制	16	0，1，2，3，4，5，6，7，8，9，A，B，C，D，E，F	16^n	逢十六进一	H

表 1-3 是十进制 0~15 与等值的二进制、八进制、十六进制的对照表。可以看出采用不同进制表示同一数时，基数越大，则使用的位数越少。比如十进制 10，需要 4 位二进制来表示，只需要 2 位八进制、1 位十六进制来表示。这也是为什么在程序书写中一般采用八进制或十六进制表示数据的原因。

（2）**常用进制之间的转换**

① N 进制转换为十进制　在十进制数中 1234 可以表示为以下多项式：

$$(1234)_{10}=1×10^3+2×10^2+3×10^1+4×10^0$$

式中，10^3、10^2、10^1、10^0 是各个数码的权，可以看出将各个位置上的数字乘上权值再求和就可以得到这个数。所以，将 N 进制数按权展开再求和就可以得到对应的进制数，这就是将 N 进制数转换为十进制数的方法。

表 1-3　不同进制数的对照表

十进制	二进制	八进制	十六进制	十进制	二进制	八进制	十六进制
0	0	0	0	8	1000	10	8
1	1	1	1	9	1001	11	9
2	10	2	2	10	1010	12	A
3	11	3	3	11	1011	13	B
4	100	4	4	12	1100	14	C
5	101	5	5	13	1101	15	D
6	110	6	6	14	1110	16	E
7	111	7	7	15	1111	17	F

例如：

$$(10111)_2=1\times2^4+0\times2^3+1\times2^2+1\times2^1+1\times2^0$$
$$=16+0+4+2+1$$
$$=(23)_{10}$$
$$(217)_8=2\times8^2+1\times8^1+7\times8^0$$
$$=128+8+7$$
$$=(143)_{10}$$
$$(6C)_{16}=6\times16^1+12\times16^0$$
$$=96+12$$
$$=(108)_{10}$$

如果一个 N 进制中既有整数部分又有小数部分，仍然可按权展开求和将其转换成对应的十进制数。

例如：

$$(1011.11)_2=1\times2^3+0\times2^2+1\times2^1+1\times2^0+1\times2^{-1}+1\times2^{-2}$$
$$=8+2+1+0.5+0.25$$
$$=(11.75)_{10}$$

② 十进制数转换为 N 进制数　将十进制数转换为 N 进制数时由于整数部分和小数部分采用不同的方法，所以可以将整数和小数分开转换后再连接起来即可。

a. 整数　将一个十进制整数转换为 N 进制整数可以采用"除基取余"法，即将十进制整数连续的除以 N 进制数的基数取余数，直到商为 0 为止，最先取得的余数放在最右边。

【例1】将十进制整数 125 分别转换为二进制数和十六进制数。

$(125)_{10}=(1111101)_2$

$(125)_{10}=(7D)_{16}$

b. 小数　将一个十进制小数数转换为 N 进制小数采用"乘基取整"法，即将十进制小数不断地乘以 N 进制数的基数取整数，直到小数部分为 0 或达到精度要求为止（存在小数部分永远不会达到 0 的情况），取得的整数从小数点之后自左往右排列，取有效精度，最先取得的整数放在最左边。

【例 2】将十进制小数 0.625 转换成二进制数。

$$
\begin{array}{r}
0.625 \\
\times \quad 2 \\
\hline
1.25 \\
\times \quad 2 \\
\hline
0.5 \\
\times \quad 2 \\
\hline
1.0 \\
\end{array}
$$

取整数｜高位
1
0
1　低位

$(0.625)_{10}=(0.101)_2$

【例 3】将十进制数 147.16 转换成八进制数，要求精确到小数点后 4 位。

$$
\begin{array}{r}
8\,|\,147 \quad 余3 \\
8\,|\,18 \quad 余2 \\
8\,|\,2 \quad 余2 \\
0 \\
\end{array}
$$

$$
\begin{array}{r}
0.16 \\
\times \quad 8 \\
\hline
1.28 \\
\times \quad 8 \\
\hline
2.24 \\
\times \quad 8 \\
\hline
1.92 \\
\times \quad 8 \\
\hline
7.36 \\
\end{array}
$$

取整数
1
2
1
7

$(147.16)_{10}=(223.1217)_8$

③ 二进制数与八进制数、十六进制数的相互转换　信息在计算机内部都用二进制数来表示，但二进制的位数比较长，比如一个十进制数 128，用等值的二进制数来表示就需要 8 位，书写和识别起来很不方便也不直观。而八进制和十六进制数比二进制数就要短得多，同时二进制、八进制和十六进制之间存在特殊的关系：$8^1=2^3$；$16^1=2^4$，即 1 位八进制数相当于 3 位二进制数，1 位十六进制数相当于 4 位二进制数，因此它们之间转换也非常方便。在书写程序或数据时往往采用八进制数或十六进制数形式来表示等值的二进制数。

如表 1-3 所示根据二进制数和八进制数、十六进制数之间的关系，将二进制数转换为八进制数时，以小数点为起点向左右两边分组，每 3 位为一组，两头不足添 0 补齐 3 位（整数高位补 0，小数低位补 0 对数的大小不会产生影响）。

例如：将二进制数（1011011.10111）$_2$ 转换成八进制数：

$$(\underline{001}\quad\underline{011}\quad\underline{011}\ .\ \underline{101}\quad\underline{110})_2=(133.56)_8$$
　　　1　　　3　　　3　　　　5　　　6

将二进制数转换为十六进制数时，以小数点为起点向左右两边分组，每 4 位为一组，两头不足添 0 补齐 4 位。

例如：将二进制数（1011011.10111）$_2$ 转换成十六进制数。

$$(\underline{0101}\quad\underline{1011}\ .\ \underline{1011}\quad\underline{1000})_2=(5B.B8)_{16}$$
　　　5　　　B　　　B　　　8

反过来，将八进制数或十六进制数转换成二进制数，只要将 1 位八进制数或者十六进制数对应转换为三位或者 4 位二进制数即可。例如：

$$(217.35)_8 = (\underline{010}\quad \underline{001}\quad \underline{111}\quad . \quad \underline{011}\quad \underline{101})_2 = (10001111.011101)_2$$
$$\qquad\qquad\quad 2\qquad 1\qquad 7\qquad\quad 3\qquad 5$$

$$(46E.A8)_{16} = (\underline{0100}\quad \underline{0110}\quad \underline{1110}.\underline{1010}\quad \underline{1000})_2 = (10001101110.10101)_2$$
$$\qquad\qquad\quad 4\qquad 6\qquad E\ A\qquad 8$$

注意：整数部分的高位 0 和小数部分的低位 0 可以不写。

1.2.3 计算机中非数值信息的表示

日常生活中需要计算机处理的信息是多种多样的，如文字、声音、图片、符号、图形等等，而计算机只能识别二进制数，为了让计算机能直接"读懂"这些信息，我们需要将这些非数值信息采用数字化编码的形式将其转换为计算机能直接识别的"0"和"1"。非数值信息非常多，我们重点了解两类非数值信息的编码方式，一类是西文字符，一类是中文汉字。

（1）字符编码

目前采用的字符编码主要是 ASCII 码，又叫美国信息交换标准码（American National Standard Code for Information Interchange），是由美国国家标准学会制定的。它起始于上世纪 50 年代后期，在 1967 年定案。

ASCII 码使用指定的 7 位或 8 位二进制数组合来表示 128 或 256 种可能的字符，其中 7 位 ASCII 码叫做标准 ASCII 码，8 位 ASCII 码叫做扩展 ASCII 码。标准 ASCII 码用一个字节（8 位）来表示一个字符，最高位为 0，剩下的 7 位二进制数共有 $2^7=128$ 个不同的编码，包括了 0~9 共 10 个数字、52 个大小写英文字母、32 个标点符号和运算符以及 34 个控制字符。常用字符的 ASCII 编码见表 1-4。

表 1-4 标准 ASCII 码表

低 4 位 ＼ 高 4 位	0000	0001	0010	0011	0100	0101	0110	0111
0000	NUL	DLE	SP	0	@	P	、	p
0001	SOH	DC1	!	1	A	Q	a	q
0010	STX	DC2	"	2	B	R	b	r
0011	ETX	DC3	#	3	C	S	c	s
0100	EOT	DC4	$	4	D	T	d	t
0101	ENQ	NAK	%	5	E	U	e	u
0110	ACK	SYN	&	6	F	V	f	v
0111	BEL	ETB	'	7	G	W	g	w
1000	BS	CAN	(	8	H	X	h	x
1001	HT	EM	)	9	I	Y	i	y
1010	LF	SUB	*	:	J	Z	j	z
1011	UT	ESC	+	;	K	[	k	{
1100	FF	FS	,	<	L	\	l		
1101	CR	GS	-	=	M	]	m	}
1110	SO	RS	.	>	N	^	n	~
1111	SI	US	/	?	O	_	o	DEL

从 ASCII 码表可以看出，0～9，A～Z，a～z 按照从小到大的顺序排列，且小写字母比它对应的大写字母的 ASCII 值大 32。比如字符"a"的 ASCII 编码是 1100001，对应的十进制数是 97，则字符"b"的 ASCII 码值就是 98，字符"A"的 ASCII 码就是 65。

（2）汉字编码

① 汉字编码字符集　ASCII 码只对英文字母、数字、标点符号、控制字符等进行了编码，而计算机也需要处理、显示、存储汉字，因而对汉字字符也需要进行编码。为了满足国内在计算机中使用汉字的需要，中华人民共和国国家标准化管理委员会发布了一系列的汉字字符集国家标准编码，统称为 GB 码，或国标码。其中最有影响的是于 1980 年发布的《信息交换用汉字编码字符集　基本集》，标准号为 GB 2312—80，因其使用非常普遍，也常被通称为国标码。

GB 2312 是一个简体中文字符集，由 6763 个常用汉字和 682 个全角的非汉字字符组成。其中汉字根据使用的频率分为两级：一级汉字 3755 个，按汉语拼音字母的次序排列；二级汉字 3008 个，按偏旁部首排列。由于字符数量比较大，GB 2312 采用了二维矩阵编码法对所有字符进行编码。首先构造一个 94 行 94 列的方阵，对每一行称为一个"区"，每一列称为一个"位"，然后将所有字符填写到方阵中。这样所有的字符在方阵中都有一个唯一的位置，这个位置可以用区号、位号合成表示，称为字符的区位码。如汉字"国"出现在第 25 区（行）的第 90 位（列）上，其区位码为 2590。因为区位码同字符的位置是完全对应的，因此区位码同字符之间也是一一对应的。这样所有的字符都可通过其区位码转换为国标码。转换的方法是将汉字的区位码中的区号和位号分别转换成十六进制数，再分别加上 20H，就得到了该汉字的国标码。如汉字"国"的区位码是 2590D，则其国标码为 397AH。

GB 2312 字符在计算机中存储是以其区位码为基础的，其中汉字的区码和位码分别占一个存储单元，每个汉字占两个存储单元。实际存储时，将汉字的区位码转换成存储码进行存储。

在我国台湾、香港与澳门地区，使用的是繁体汉字，而 1980 年发布的 GB 2312 面向简体中文字符集，并不支持繁体汉字。为统一繁体字符集编码，1984 年台湾五大厂商宏碁、神通、佳佳、零壹以及大众一同制定了一种繁体中文编码方案，因其来源被称为五大码，英文写作 Big5，后来按英文翻译回汉字后，普遍被称为大五码。

② 汉字的几种编码　汉字从输入、存储处理到输出都进行了不同方式的编码，计算机对汉字的处理过程实际上就是汉字各种编码间的转换过程，这些编码主要包括汉字输入码、汉字内码、汉字字形码等。

a. 汉字输入码　为通过键盘将汉字输入计算机而编制的各种代码叫做汉字输入码，也叫外码。目前汉字输入的编码研究非常多，已多达数百种，主要包括拼音编码和字型编码。常用的微软拼音、智能 ABC、搜狗拼音等就是拼音编码，五笔字型输入法就是字型编码。

b. 汉字内码　也叫机内码，汉字内码是在设备和信息处理系统内部存储、处理、传输汉字用的代码。一个汉字无论采用何种输入码，进入计算机后都会被转化为机内码才能进行传输、处理。目前的规则是将国标码的高位字节、低位字节各自加上 128D 或 80H。例如，"国"字的国标码是 397AH，每个字节加上 80H，"国"字的内码为 B9FAH。这样做的目的是使汉字内码区别于西文的 ASCII，因为每个西文字母的 ASCII 的高位均为 0，而汉字内码的每个字节的高位均为 1。

c. 汉字字形码　经过计算机处理后的汉字信息，如果要显示或者打印输出就需要将汉字内码转化为人们能识别的汉字，用于在显示屏或打印机输出的就是汉字字形码，也称为字模码。通常用点阵、矢量表示。

用点阵表示时，字形码指的就是这个汉字字形点阵的代码。根据输出汉字的要求不同，点阵的多少也不同。简易型汉字为 16×16 点阵、普通型汉字为 24×24 点阵、提高型汉字为 32×32 点阵、48×48 点阵等。如果是 24×24 点阵，每行 24 个点就是 24 个二进制位，存储一行代码需要 3 个字节。那么，24 行共占用 3×24=72 个字节。计算公式：每行点数×行数/8。依此，对于 48×48 的点阵，一个汉字字形需要占用的存储空间为 48×48/8=288 个字节。

1.3　计算机系统的组成

想要更加全面地了解计算机，首先要知道计算机系统是怎么组成的。计算机是由硬件和软件两部分组成，硬件是计算机赖以工作的实体，是各种物理部件的有机结合，软件是控制计算机运行的灵魂，是由各种程序以及数据组成。计算机系统通过软件协调各硬件部件，并按照指定要求和顺序进行工作。

1.3.1　计算机系统简介

一个完整的计算机系统由计算机硬件系统和计算机软件系统两部分组成，如图 1-4 所示。计算机硬件系统是构成计算机系统的各种物理设备的总称，是计算机的实体，通常包括运算器、控制器、存储器、输入设备、输出设备五个部分。计算机软件系统是运行、管理和维护计算机的各类程序和数据及有关资料的总和。计算机的软件系统由系统软件和应用软件构成。

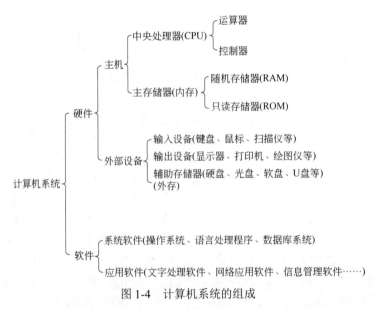

图 1-4　计算机系统的组成

没有安装任何操作系统和其它软件的计算机称为裸机，计算机系统层次结构如图 1-5 所示。

图 1-5　计算机系统层次结构

1.3.2　计算机硬件系统

计算机硬件系统是计算机的实体，也是计算机的物质基础，硬件系统的构成并不是仅仅只有日常我们观察到的外观所含各部件如图 1-6 所示，通常情况下 计算机的硬件系统由运算器、控制器、存储器、输入设备和输出设备五大部分组成。

图 1-6　计算机外观

（1）运算器

计算机中执行各种算术和逻辑运算操作的部件就是运算器。运算器包括寄存器、加法器和控制线路等组成，基本操作包括加、减、乘、除四则运算，与、或、非、异或等逻辑操作，以及移位、比较等操作。计算机运行时，运算器的操作由控制器决定，运算器处理的数据来自存储器，处理后的结果数据通常送回存储器，或暂时寄存在运算器中。

（2）控制器

控制器是指挥计算机的各个部件按照指令的功能要求协调工作的部件，是计算机的神经中枢和指挥中心。控制器主要负责从存储器中读取指令，并对指令进行翻译，确定指令类型，根据指令要求负责向其它部件发出控制信息，保证各部件协调一致地工作。

① 指令和指令系统　为了让计算机按照人们的需求正常地进行工作，需要设计一系列命令指挥计算机运行，于是就产生了指令，指令就是计算机执行某种操作的命令。一条指令，

通常包括两方面内容：操作码和操作数。其中，操作码通常表示执行什么操作；操作数给出参与操作的数据的地址，指明操作对象。操作数又分为源操作数和目的操作数，源操作数指明参加运行的操作数的来源，目的操作数指明保存运行结果的存储单元地址或寄存器名称。

指令的格式如表1-5所示。

表1-5　指令的基本格式

操作码	操作数	
	源操作数（地址）	目的操作数（地址）

指令系统是指一台计算机所能执行的全部指令的集合。

② 指令的执行过程　计算机的工作过程就是按照控制器的控制信号自动、有序地执行指令的过程。一条指令的执行包括读取指令、分析指令、生成控制信号、执行指令几个过程。

（3）中央处理器（CPU）

运算器和控制器组成了中央处理单元，也就是人们通常所说的CPU，也叫微处理器，如图1-7所示，这是计算机系统的核心部件，其重要性好比心脏对于人一样。实际上，处理器的作用和大脑更相似，因为它负责处理、运算计算机内部的所有数据。CPU主要由运算器、控制器、寄存器组和内部总线等构成。

图1-7　中央处理器

计算机的发展主要表现在其核心部件—微处理器的发展上，每当一款新型的微处理器出现时，就会带动计算机系统的其它部件的相应发展。微处理器的发展大体可划分为6个阶段。

第1阶段（1971～1973年）是4位和8位低档微处理器时代，通常称为第1代，其典型产品是Intel4004和Intel8008微处理器。

第2阶段（1974～1977年）是8位中高档微处理器时代，通常称为第2代，其典型产品是Intel8080/8085。

第3阶段（1978～1984年）是16位微处理器时代，通常称为第3代，其典型产品是Intel公司的8086/8088。

第4阶段（1985～1992年）是32位微处理器时代，又称为第4代。其典型产品是Intel公司的80386/80486。

第5阶段（1993～2005年）是奔腾（Pentium）系列微处理器时代，通常称为第5代。典型产品是Intel公司的奔腾系列芯片及与之兼容的AMD的K6、K7系列微处理器芯片。

第6阶段（2005年至今）是酷睿（Core）系列微处理器时代，通常称为第6代。

（4）存储器

存储器是具有存储记忆功能的设备，主要用来存放输入设备送来的程序和数据，以及运算器送来的中间结果和最后结果。

按照不同的标准存储器可分为不同的类别：按存储介质可分为半导体存储器和磁表面存储器；按信息保存性可分为非永久记忆的存储器和永久记忆性存储器；按用途可分为内存（主存储器、内部存储器）和外存（辅助存储器、外部存储器）。外存通常是磁性介质或光盘等，能长期保存信息。内存指主板上的存储部件，用来存放当前正在执行的数据和程序。

① 内存储器　内存储器简称内存，也称主存，是计算机中重要的部件之一，如图 1-8 所示，它是与 CPU 进行沟通的桥梁。计算机中所有程序的运行都是在内存储器中进行的，因此内存储器的性能对计算机的影响非常大。其作用是用于暂时存放 CPU 中的运算数据，以及与硬盘等外部存储器交换的数据。只要计算机在运行中，CPU 就会把需要运算的数据调到内存中进行运算，当运算完成后 CPU 再将结果传送出来。内存的特点是存储速度快，但存储容量小。

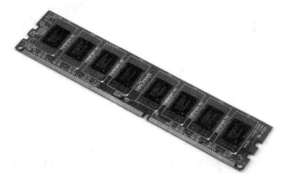

图 1-8　内存

内存一般采用半导体存储单元，包括随机存储器（RAM）和只读存储器（ROM）。

a．随机存储器　随机存储器既可以读（取）又可以写（存），主要用来存取系统运行时的程序和数据。RAM 的特点是存取速度快，但断电后存放的信息会全部丢失。

随机存储器可分为动态存储器（DRAM）和静态存储器（SRAM）两大类。DRAM 的特点是集成度高，主要用于大容量内存储器；SRAM 的特点是存取速度快，主要用于高速缓冲存储器。

b．只读存储器　只读存储器顾名思义只能读出不能随意写入信息，其最大的特点是断电后其中的信息不会丢失。只读存储器一般用来存放一些固定的程序和数据，这些程序和数据是在计算机出厂时由厂家一次性写入的，并永久保存下来。

常用的只读存储器有可编程 ROM（PROM）、可擦除可编程 ROM（EPROM）、电可擦除可编程 ROM（EEPROM）和快擦除 ROM（FROM）。

c．高速缓冲存储器　在计算机技术发展过程中，主存储器存取速度一直比中央处理器操作速度慢得多，使中央处理器的高速处理能力不能充分发挥，整个计算机系统的工作效率受到影响，为了解决中央处理器和主存储器之间速度不匹配的矛盾大多计算机都采用了高速缓冲存储器。

内部存储器的主要性能指标有两个：存储容量和存取速度。存储容量是指一个存储器包含的存储单元总数；存取速度是指 CPU 从内存储器中存取数据所需的时间。

② 外部存储器

外部存储器又称为辅助存储器、外存，是指除计算机内存及 CPU 缓存以外的存储器。它的存储容量大，是内存容量的数十倍或者数百倍，是内存的补充和后援，此类存储器一般断电后仍然能保存数据。常见的外存储器有硬盘、光盘、移动存储器等。

a. 硬盘　硬盘是微型计算机非常重要的外部存储器。硬盘具有存取容量大，存取速度快等优点。目前常见的硬盘分为机械硬盘、固态硬盘。机械硬盘采用磁性碟片来存储，固态硬盘采用闪存颗粒来存储。图 1-9 所示为机械硬盘和固态硬盘外观。

图 1-9　机械硬盘和固态硬盘外观

一个硬盘内部包含多个盘片，这些盘片被安装在一个同心轴上，每个盘片有上下两个盘面，每个盘面被划分为磁道和扇区。硬盘的每一个盘面有一个读写磁头，磁头是硬盘中最昂贵的部件，也是硬盘技术中最重要和最关键的一环，使用硬盘时应尽量避免振动，防止硬盘磁头损坏导致硬盘不可用。当磁盘旋转时，在磁盘表面划出的圆形轨迹就叫做磁道。磁盘上的每个磁道被等分为若干个弧段，这些弧段便是磁盘的扇区，每个扇区可以存放 512 个字节的信息，磁盘读写的物理单位是以扇区为单位。硬盘通常由重叠的一组盘片构成，每个盘面都被划分为数目相等的磁道，并从外缘的"0"开始编号，具有相同编号的磁道形成一个圆柱，称之为磁盘的柱面。图 1-10 所示为柱面、磁道与扇区示意图。图 1-11 所示为硬盘内部结构。

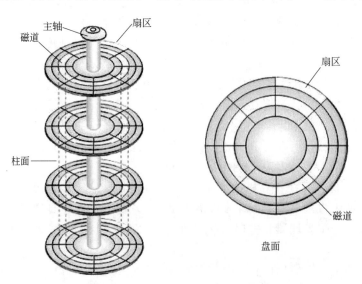

图 1-10　柱面、磁道与扇区示意图

图 1-11　硬盘内部结构

　　硬盘的主要性能指标有硬盘容量和转速。硬盘的容量=柱面数×盘面数×扇区数×512B。硬盘转速是指硬盘主轴的旋转速度，单位为转/分钟（r/min），转速是决定硬盘内部传输率的关键因素之一，在很大程度上直接影响硬盘的传输速度。目前市面上硬盘的容量有 1T，2T，3T 等，转速一般为 5400r/min 和 7200r/min。

　　b. 光盘　光盘是以光信息做为存储的载体并用来存储数据的一种物品。如图 1-12 所示。光盘存储器具有存储容量大，记录密度高，读取速度快，可靠性高，环境要求低的特点。光盘携带方便，价格低廉，目前已经成为存储数据的重要手段。光盘可分为不可擦写光盘和可擦写光盘两种。

图 1-12　光盘

　　c. 移动存储设备　移动存储设备顾名思义，就是可以在不同终端间移动的存储设备，大大方便了资料存储。常见的移动存储设备主要有移动硬盘、U 盘、闪存卡。图 1-13 所示为移动硬盘和 U 盘。

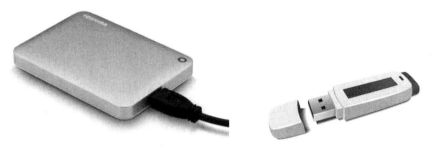

图 1-13　移动硬盘和 U 盘

　　移动硬盘是以硬盘作为存储介质，便于携带的存储产品。目前，移动硬盘的容量已达太字节级，随着科技的发展和进步，未来将有更大容量的移动硬盘推出以满足用户的需求。

　　U 盘全称"USB 接口闪存盘"，英文名"USB flash disk"。U 盘的称呼最早来源于朗科公

图 1-14 闪存卡

司生产的一种新型存储设备，名曰"优盘"，也叫"U 盘"，使用 USB 接口进行连接。其最大的特点就是：小巧便于携带、存储容量大、价格便宜。是移动存储设备之一。

闪存卡是利用闪存技术达到存储电子信息的存储器，一般应用在数码相机、掌上电脑、MP3、MP4 等小型数码产品中作为存储介质，样子小巧，犹如一张卡片，所以称之为闪存卡。如图 1-14 所示。由于闪存卡本身并不能直接被电脑辨认，读卡器就是一个两者的沟通桥梁。读卡器使用 USB1.1/USB2.0 的传输界面，支持热拔插。与普通 USB 设备一样，只需插入电脑的 USB 端口，然后插入存储卡就可以使用了。

（5）输入设备

输入设备是指向计算机输入各种数据、程序及各种信息的设备，是计算机和用户之间进行信息交换的桥梁。常用的输入设备有：键盘、鼠标、扫描仪、条形码阅读器、数码摄影机等。

① 键盘 键盘是字母、数字等信息的输入装置，是计算机必不可少的输入设备。图 1-15 所示为键盘及其使用指法。

② 鼠标 其标准称呼应该是"鼠标器"，英文名"Mouse"，鼠标的使用是为了使计算机的操作更加简便快捷，来代替键盘复杂的指令。图 1-16 所示为鼠标外观。

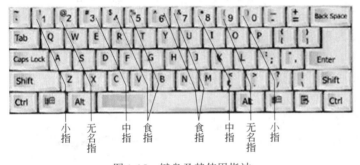

图 1-15 键盘及其使用指法

图 1-16 鼠标外观

鼠标的主要操作有左键单击、右键单击、双击（连续按下鼠标左键两次）、拖动（按住鼠标左键不放）等。

（6）输出设备

输出设备是计算机系统的终端设备，用于接收计算机数据的输出显示、打印等。即把各种结果以数字、文字、图形、图像、声音等形式表现出来。常见的输出设备有显示器、打印机、绘图仪等。

显示器是微型计算机系统中最基本，最必不可少的输出设备。根据显示器的显示原理不同，可分为阴极射线管显示器（CRT）、等离子显示器（PDP）、液晶显示器（LCD）等。分辨率是显示器一项重要的指标参数，分辨率反应屏幕图像的精密度，是指显示器所能显示的像素有多少。由于屏幕上的点、线和面都是由像素组成的，显示器可显示的像素越多，画面就越清晰。图 1-17 所示为常见的显示器。

显示器必须配置正确的适配器才能构成完整的显示系统。显示适配器俗称显卡，是主机与显示器之间的接口电路。它的主要功能是将要显示的信息的内码转换成图形点阵，并同步形成视频信号，输出给显示器。

图 1-17　常见的显示器

（7）其它硬件设备

计算机的硬件除以上五大部分外，还有一些也是必不可少的，下面我们重点介绍主板和总线。

① 主板　主板又叫主机板、系统板或母板（Motherboard），它安装在机箱内，是微机最基本的也是最重要的部件之一。主板一般为一块矩形印刷电路板，上面安装了组成计算机的主要电路系统。主板是整个计算机的中枢，所有部件及外设都是通过主板与处理器连接在一起，并进行通信，然后由处理器发出相应的指令，执行操作。图 1-18 所示为主板。

图 1-18　主板

② 总线　在计算机系统中，各个部件之间传送信息的公共通路叫总线。按照计算机所传输的信息种类，计算机的总线可以划分为数据总线、地址总线和控制总线，分别用来传输数据、数据地址和控制信号。总线是一种内部结构，它是 CPU、内存、输入、输出设备传递信息的公用通道，主机的各个部件通过总线相连接，外部设备通过相应的接口电路再与总线相连接，从而形成了计算机硬件系统。

1.3.3　计算机工作原理和工作过程

计算机的基本原理是存储程序控制原理，这一原理最初是由美籍匈牙利数学家冯·诺依曼于 1945 年提出来的，故称为冯·诺依曼原理。预先要把指挥计算机如何进行操作的指令序列（称为程序）和原始数据通过输入设备输送到计算机内存储器中。每一条指令中明确规定了计算机从哪个地址取数，进行什么操作，然后送到什么地址去等步骤。

计算机在运行时，先从内存中读取出第一条指令，通过控制器的译码，按指令的要求，从存储器中读取出数据进行指定的运算和逻辑操作等加工，然后再按地址把结果送到内存中去。接下来，再读取出第二条指令，在控制器的指挥下完成规定操作。依此进行下去。直至遇到停止指令。如图 1-19 所示。

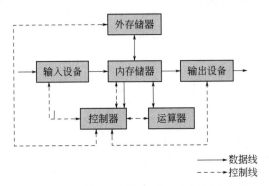

图 1-19　计算机硬件各部件工作过程示意图

1.3.4　微型计算机的性能指标

判断一台微型计算机的性能好坏，主要从以下几个指标考虑。

① 字长　字长也叫机器字长，是指计算机的运算部件能同时处理的二进制数据的位数。字长越长，精度越高，速度也越快，但价格也越昂贵。当前微型计算机的字长有 32 位、64 位。

② 主频　又叫时钟频率，是指计算机 CPU 在单位时间发出的脉冲数。它在很大程度上决定了计算机的运算速度，主频的单位是兆赫兹（MHz）或吉赫兹（GHz）。时钟频率越高，计算机的性能越好。当然 CPU 的主频可达 1.5GHz 以上。

③ 运算速度　运算速度是指单位时间内执行的计算机指令数。单位是次/秒或百万次/秒（MIPS）。

④ 内存容量　内存容量是指内存储器能存储的信息的总字节数，一般说来，内存容量越大，计算机的处理速度越快。内存容量越大，计算机性能越好。

⑤ 内核数　CPU 内核数指 CPU 内执行指令的运算器和控制器的数量。所谓多核处理器就是在一块 CPU 上集成两个或者两个以上的处理器核心。多核处理器已成为市场主流，大大提高了 CPU 的多任务处理性能。

1.3.5　计算机的软件系统

一个完整的计算机系统必须软硬件齐全且合理地协调配合，才能正常工作。计算机的软件系统是指计算机中运行的各种程序、数据及相关的文档资料。一般根据软件的用途将其分为系统软件和应用软件两大类。系统软件能保证计算机按照用户的意愿正常运行，满足用户使用计算机的各种需求，帮助用户管理计算机和维护资源，执行用户命令、控制系统调度等。

应用软件能满足用户使用需求，实现某一专门的应用目的。

（1）系统软件

系统软件是指管理、控制、维护计算机软硬件资源以及支持其它软件应用的软件。它担负着控制和协调计算机及其外部设备、支持应用软件的开发和运行的任务。系统软件一般包括操作系统、语言处理程序、数据库系统等。

① 操作系统　操作系统（Operating System，简称 OS）是管理和控制计算机硬件与软件资源的计算机程序，任何其它软件都必须在操作系统的支持下才能运行。

操作系统是用户和计算机的接口，同时也是计算机硬件和其它软件的接口。操作系统是一个庞大的控制管理系统，大致包括 5 个方面的管理功能。

a．处理器管理　处理器是完成运算和控制的设备。在多个程序运行时，每个程序都需要一个处理器，而一般计算机中只有一个处理器，操作系统的一个功能就是安排好处理器的使用权。

b．存储管理　计算机的内存中有成千上万个存储单元，都存放着程序和数据。操作系统负责统一安排与管理存储器各个存储单元的使用，何处存放哪个程序，何处存放哪个数据。

c．设备管理　计算机系统中配有各种各样的外部设备。操作系统的设备管理功能采用统一管理模式，自动处理内存和设备间的数据传递，从而减轻用户为这些设备设计输入输出程序的负担。

d．作业管理　作业是指独立的、要求计算机完成的一个任务。操作系统的作业管理功能可以使有多个运行任务时用户能够合理地共享计算机系统资源。

e．文件管理　计算机系统中的程序或数据都要存放在相应存储介质上。为了便于管理，操作系统把相关的信息集中在一起，称为文件。操作系统的文件管理功能就是负责这些文件的存储、查找、更新和共享。

常见的操作系统有 DOS、Windows、Linux、Unix、Nerware 等，目前，被广泛使用的操作系统是 Windows 操作系统。Windows 操作系统是微软公司为微型计算机开发的一款基于视窗的操作系统，通过鼠标的操作指挥计算机工作，它为用户提供了最友好的操作界面。

② 语言处理程序　人与人交流需要语言，计算机和人交流同样需要语言。计算机和人交换信息所使用的语言称为计算机语言或者程序设计语言，是用于开发和编写软件的基本工具。程序设计语言一般分为 3 类：机器语言、汇编语言和高级语言。

机器语言是由二进制 0、1 代码构成，是唯一能被计算机直接识别的语言。由于机器语言是一组 0 和 1 组成的字符串，所以难编写、难修改、难维护，程序可读性差。

汇编语言是一种面向机器的程序设计语言，用助记符代替操作码，用地址符号代替操作数。由于汇编语言是机器语言的符号化，与机器语言存在着直接的对应关系，所以汇编语言同样存在着难学难用、容易出错、维护困难等缺点。但是汇编语言也有自己的优点：可直接访问系统接口，汇编程序翻译成机器语言程序的效率高。

高级语言是面向用户的、独立于计算机种类和结构的语言。其最大的优点是：直接使用人们习惯的、易于理解的字母、数字、符号来表达，高级语言的一个命令可以代替几条、几十条甚至几百条汇编语言的指令。因此，高级语言易学易用，通用性强，应用广泛。

常用的高级语言有两类，一种是面向过程的，称为过程化语言，如 BASIC、PASICAL、C 语言等；一种是面向非过程化的，面向对象的语言，如 C++、VB、JAVA 等。

除机器语言外，其它语言编写的程序计算机都无法直接识别，需要将用程序设计语言编写的源程序转换成机器语言目标程序的形式，以便计算机能够运行，这一转换是由翻译程序来完成的。翻译程序除了要完成语言间的转换外，还要进行语法、语义等方面的检查，翻译程序统称为语言处理程序。这种"翻译"通常有两种方式：编译方式和解释方式。

编译方式是把源程序全部翻译成机器语言目标程序，然后计算机再运行此目标程序，以完成源程序要处理的运算并取得结果。

解释方式是将源程序输入计算机后逐句翻译，翻译一句执行一句，边翻译边执行，不产生目标程序。

③ 数据库系统　数据库系统包括数据库和数据库管理系统。数据库是在计算机里建立的一组相互关联的数据集合。数据库管理系统是用户用来建立、管理、维护、使用数据库的系统软件，是数据库系统的核心组成部分。用户通过数据库管理系统可以实现对计算机中的数据进行有效地查询、检索、管理。

较为常用的数据库管理系统由 Visual Foxpro、Microsoft Access、Oracle、SQL Server 等。

（2）应用软件

应用软件是指为特定领域开发、并为特定目的服务的一类软件。应用软件是直接面向用户需要的，它们可以直接帮助用户提高工作质量和效率，甚至可以帮助用户解决某些难题。

在计算机软件中应用软件的种类最多，常见的应用软件包括办公软件（如微软公司开发的 Office、金山公司开发的 WPS 等）、多媒体处理软件（如 Photoshop、Flash、绘声绘影等）、网络工具软件（如 Web 浏览器、邮件收发软件 Outlook、下载工具、聊天工具等）、信息管理软件（如人事管理系统、学籍管理系统、工资管理系统、仓库管理系统等）。

1.4　多媒体技术

现实生活中信息的表现形式是多种多样的，除了文字还有声音、图像、图形、视频、音频等。为了让计算机具有更强大的处理能力，更能满足人们生活、工作、学习需求，20 世纪 90 年代人们研究出了能处理多媒体信息的计算机。多媒体技术是一门跨学科的综合技术，是 21 世纪信息技术研究的热点问题之一。

1.4.1　多媒体的概念

① 媒体　媒体是指传播信息的媒介，它是指人们借助用来传递信息与获取信息的工具、渠道、载体、中介物或技术手段。也可以把媒体看作为实现信息从信息源传递到受信者的一切技术手段。媒体有两层含义：一是承载信息的物体，如磁盘、光盘、磁带等；二是指储存、呈现、处理、传递信息的实体，如文字、图形、声音等。

② 多媒体　多媒体顾名思义，是指多种媒体的综合。在计算机系统中，多媒体指组合两种或两种以上媒体的一种人机交互式信息交流和传播媒体。多媒体技术是指能够同时采集、处理、存储和表示两个或两个以上不同类型信息媒体的技术。这种技术使多样信息建立逻辑连接，集成为一个系统并具有交互性。

③ 流媒体　流媒体又叫流式媒体，是指采用流式传输的方式在 Internet 播放的媒体格式。流媒体中的"流"指的是这种媒体的传输方式，而并不是指媒体本身。流媒体的传输方式是边传边播，也就是指媒体提供商在网络上传输媒体的"同时"，用户一边不断地接收并观看或收听被传输的媒体。流媒体技术被广泛地应用于远程教育、视频点播、网络电台、网络视频

等方面。

④ 多媒体技术　多媒体技术是指通过计算机对文字、数据、图形、图像、动画、声音等多种媒体信息进行综合处理和管理，使用户可以通过多种感官与计算机进行实时信息交互的技术。多媒体技术应用的意义在于使计算机可以处理人类生活中最直接、最普遍的信息，从而使得计算机应用领域及功能得到了极大地扩展，使计算机系统的人机交互界面和手段更加友好和方便，使非专业人员可以方便地使用和操作计算机。

⑤ 多媒体计算机　多媒体计算机是指能够对文字、声音、图像、视频等多媒体信息进行综合处理的计算机。多媒体计算机一般指多媒体个人计算机。1985 年出现了第一台多媒体计算机，其主要功能是指可以把音频视频、图形图像和计算机交互式控制结合起来，进行综合地处理。

多媒体计算机一般包括多媒体硬件、多媒体操作系统、图形用户接口、支持多媒体数据开发的应用软件 4 个部分。多媒体硬件平台除了有前面介绍的计算机的硬件设备外，还需配备音频卡及音频设备、视频卡、网络接口等。目前用户所购买的个人计算机基本都是多媒体计算机。

1.4.2　多媒体信息

目前多媒体信息主要包括文本、图形图像、视频、音频、动画、超文本等。文本包括各种字体、尺寸、格式、颜色的文字，是计算机文字处理的基础，也是人们最熟悉的媒体信息，下面我们重点介绍其它几种常见的媒体信息。

① 图形与图像　图形是指点、线、面到三维空间的黑白或者彩色集合图形，也称矢量图。主要由比较容易用数学方法来表示的直线和弧等线条实体组成。

图像一般是指自然界中的客观事物通过某种系统的映射，使人们产生的视觉感受。自然界中的景和物有静态和动态两种形态，静止的图像叫静态图像，活动的图像叫动态图像。图像有两种表示方法，即点阵图法和矢量图法。点阵图法就是将图像分成很多小像素，每个像素用若干二进制数表示像素的颜色、属性等信息。矢量图法就是用一些指令来表示图像。

常用的图像文件类型有以下几种。

a．BMP　位图文件格式，是图像文件的原始格式。

b．JPG　应用 JPEG 压缩标准压缩后的图像格式。

c．GIF　适合于在网上传输的图像格式，应用比较普遍。

d．WMF　是 Windows 中常用的一种图像文件格式，图像往往比较粗糙，只能用在 Office 中调用编辑。

② 视频　视频泛指将一系列静态影像以电信号的方式加以采集、存储、处理、传送与重现的各种技术。视频技术因电视和电影系统发展而来，利用人眼的视觉暂留现象，每秒超过 24 帧画面以上时，人眼无法辨别单幅的静态画面，看上去是平滑连续的视觉效果，这样连续的画面就构成了视频。

由于视频是由若干静态图像构成，存储容量极大，必须经过压缩。目前普遍采用的是 MPEG 标准，它使基于视频的每幅图像之间的变化都不大。常用的视频文件格式在微型计算机中主要有以下几种。

a．AVI　是 Windows 中使用的动态图像格式，数据量比较大。

b．MPG　利用 MPEG 压缩标准所确定的文件格式，数据量比较小。

　　c．ASF　比较适合在网上进行连续播放的视频文件格式。

　　③ 音频　人们能听到的所有声音效果都称之为音频。声音是一种模拟信息，需要经过数字化的过程才能放在计算机中对其进行相应地处理，对声音进行数字化的过程叫做采样。就是在原有的模拟信号波形上每隔一段时间进行一次取点，赋予每一个点以一个数值，然后把所有的点连起来就可以描述模拟信号了。在一定时间内取的点越多，描述出来的波形就越精确。

　　常用的音频文件格式主要有以下几种。

　　a．CD　光盘数字音频文件，声音直接通过光驱处理后发出，音源质量较好。

　　b．WAV　微型计算机最常用的声音文件，占用很大的存储空间。

　　c．MP3　压缩存储音频文件，在日常生活和网上应用都非常普遍。根据 MPEG 视频压缩标准进行压缩得到的声音文件。

　　d．MID　数字音频文件，由 MIDI 继承而来，MIDI 标准的文件中存放的是符号化音乐。

1.4.3　多媒体技术的特征

　　多媒体技术具有交互性、集成性、实时性、多样性等特征，这也是多媒体计算机区别于传统计算机系统的显著特征。

　　① 交互性　交互性是多媒体应用有别于传统信息交流媒体的主要特点之一。传统信息交流媒体只能单向地、被动地传播信息，而多媒体技术则可以实现人对信息的主动选择和控制。多媒体技术以计算机为中心，综合处理和控制多媒体信息，并按人的要求以多种媒体形式表现出来，同时作用于人的多种感官。

　　② 集成性　多媒体技术中集成了许多单一的技术，如声音处理技术、视频处理技术、图像处理技术等，多媒体技术能够表示和处理多种信息，对信息进行多通道统一获取、存储、组织与合成。

　　③ 实时性　音频、视频、动画或者一些实况信息媒体带有一定的时间关系，多媒体系统在处理这类信息时有着严格的时序要求和很高的速度要求，当用户给出操作命令时，通过多媒体技术需实现相应的多媒体信息都能够得到实时控制。实时性在很多方面已经成为多媒体系统的关键技术。

　　④ 多样性　多媒体信息是多种多样的，这些媒体信息输入、传输、表示的手段也是多样化的。为了提高计算机所能处理的信息的空间和种类，多媒体技术必须具备多样性才能使计算机不再局限于处理数值和文本等单调信息。

1.5　计算机病毒及其预防

　　1983 年 11 月，在一次国际计算机安全学术会议上，美国学者科恩第一次明确提出计算机病毒的概念，并进行了演示。当前计算机病毒已成为破坏计算机信息系统运行安全非常重要的因素之一。

1.5.1　计算机病毒概述

（1）什么是计算机病毒

计算机病毒与医学上的"病毒"不同，计算机病毒不是天然存在的，是人利用计算机软硬件缺陷编制的一组指令集或程序代码。它能潜伏在计算机的存储介质（或程序）里，条件满足时即被激活，对计算机资源进行破坏，影响计算机的正常运行和工作。

《中华人民共和国计算机信息系统安全保护条例》中明确定义，计算机病毒指"编制者在计算机程序中插入的破坏计算机功能或者破坏数据，影响计算机使用并且能够自我复制的一组计算机指令或者程序代码"。

（2）计算机病毒的特征

① 传染性　计算机病毒的传染性是指计算机病毒或其变体从一个程序体或一个部件复制到另一个无毒的程序体或部件的过程。复制后导致其它无毒的程序体或部件也感染病毒，从而无法正常工作。传染性是计算机病毒的基本特征。

② 破坏性　计算机中毒后，病毒可能会导致正常的程序无法运行，把计算机内的文件删除或使其受到不同程度的损坏，破坏引导扇区、BIOS 及其它硬件环境。计算机病毒对计算机的破坏严重时可以导致系统全面崩溃。

③ 潜伏性　计算机病毒的潜伏性是指计算机病毒感染系统后不会立即发作，而是依附于其它媒体寄生，并可长期隐藏于系统中，潜伏到其特定条件成熟才启动破坏模块。

④ 隐蔽性　计算机病毒具有很强的隐蔽性，在进入计算机系统并破坏数据的过程中用户难以察觉，而且其破坏性也难以预料。可以通过病毒软件检查出来少数，隐蔽性计算机病毒时隐时现、变化无常，这类病毒处理起来非常困难。

⑤ 可激发性　编制计算机病毒的人，一般都为病毒程序设定了一些触发条件，一旦条件满足，计算机病毒就会立即发作，使系统遭到破坏。

（3）计算机病毒的分类

计算机病毒种类繁多而且复杂，按照不同的标准可以有多种不同的分类方法。同时，根据不同的分类方法，同一种计算机病毒也可以属于不同的计算机病毒种类。

① 按其破坏性分类

a．良性病毒：这类病毒对计算机系统不产生直接破坏作用，但会争抢 CPU 的控制器，导致整个系统变慢或锁死。

b．恶性病毒：在传染和发作时会对计算机系统产生直接破坏作用，其代码中包含有损伤和破坏计算机系统的操作。

② 按其传染方式分类

a．引导区型病毒　主要通过软盘、U 盘、光盘等移动存储介质在操作系统中传播，感染引导区，蔓延到硬盘，并能感染到硬盘中的主引导记录。

b．文件型病毒　也称为寄生病毒。它运行在计算机存储器中，通常感染扩展名为.COM、.EXE 等类型的文件。

c．混合型病毒　具有引导区型病毒和文件型病毒两者的特点。

d．宏病毒　是一种寄存在 Microsoft Office 文档或模板中的宏中的病毒，宏病毒一旦发作会影响文档的各种操作。

③ 按其入侵途径分类

a．操作系统型病毒：因其直接感染操作系统，这类病毒的危害性较大，可以导致整个系统瘫痪。

b．源码型病毒：攻击高级语言编写的源程序，在源程序编译之前插入其中，并随源程序一起编译、连接成可执行文件。源码型病毒较为少见，亦难以编写，但一旦插入，其破坏性极大。

c．入侵型病毒：这类病毒只攻击某些特定程序，针对性强。一般情况下难以被发现，清除起来也较困难。

d．外壳型病毒：通常将自身附在正常程序的开头或结尾，相当于给正常程序加了个外壳。大部份的文件型病毒都属于这一类。

④ 按其编写算法分类

a．伴随型病毒：这类病毒并不改变文件本身，它们根据算法产生.EXE 文件的伴随体，当加载文件时，伴随体优先被执行到，再由伴随体加载执行原来的.EXE 文件。

b．蠕虫型病毒：通过计算机网络传播，不改变文件和资料信息，利用网络从一台机器内存中传播到其它机器的内存中，一般除了内存不占用其它资源。

c．寄生型病毒：除了伴随和蠕虫型，其它病毒均可称为寄生型病毒，它们依附在系统的引导扇区或文件中。

1.5.2　计算机病毒的预防

计算机病毒对计算机系统造成的破坏和危害非常大，因此要有足够的警惕性来防范计算机病毒的侵扰。计算机感染病毒后，用反病毒软件进行查杀，都难以保证病毒被清除干净，最彻底的消除病毒的方法就是对磁盘进行格式化，这样会对用户造成极大的影响，所以对计算机病毒应该是以预防为主。

计算机病毒主要通过移动存储介质和计算机网络两大途径进行传播，对计算机病毒最好的预防措施就是要求用户养好良好的使用计算机的习惯，具体有以下措施。

① 使用防病毒软件　安装正版的防火墙和杀毒软件并根据实际需求进行安全设置。定期进行全盘扫描，发现病毒及时清除，及时更新升级杀毒软件。常用的杀毒软件有 360 杀毒、金山毒霸、瑞星、诺顿等。

② 定期备份资料和数据　定期备份重要数据文件，以免系统感染病毒后无法恢复而导致重要数据的丢失。

③ 慎用网络数据或程序　不轻易打开来历不明的电子邮件，尽量使用具有查杀病毒功能的邮箱；对网上下载的数据或程序最好先检测再使用；不随意在网上点击不明链接。

④ 不随便在计算机上使用外部存储设备　未经检测过的外部存储设备不轻易接入计算机，在使用前应首先使用杀毒软件进行查毒。

本 章 小 结

本章主要介绍了计算机的基本概念和基础知识。包括计算机的发展史、计算机的特点、计算机的分类以及应用领域，介绍了计算机中信息的表示，计算机系统的组成，多媒体计算机以及计算机病毒相关知识。

第 2 章　计算机网络基础及应用

学习目的与要求

> ➢　掌握计算机网络的基本概念
> ➢　了解计算机网络的组成
> ➢　掌握 Internet 基础知识
> ➢　熟练掌握因特网的简单应用

2.1　计算机网络概述

计算机网络技术是当今计算机学科中发展最为迅速的技术之一。它的应用非常广泛，几乎涵盖了社会的各个领域，如政务、军事、科研、文化、教育、经济、商业、娱乐等，它正改变着人们的工作方式、生活方式和思维方式。

2.1.1　计算机网络的基本概念

（1）计算机网络的定义

计算机网络是指利用通信线路和通信设备将地理上分散的、具有独立功能的计算机按不同的结构连接起来，以功能完善的网络软件及协议实现资源共享和数据通信的系统。

从整体上来说计算机网络就是把分布在不同地理区域的计算机与专门的外部设备用通信线路互联成一个规模大、功能强的系统，从而使众多的计算机可以方便地互相传递信息，共享硬件、软件、数据信息等资源。

（2）计算机网络的功能

计算机网络的主要功能是实现计算机之间的资源共享和数据通信。

① 资源共享　资源包括硬件资源、软件资源和各种数据信息。硬件资源各种类型的计算机、大容量存储设备、计算机外部设备，如打印机等。软件资源包括操作系统及各种应用软件。共享的目的是让网络上的每一个人都可以访问所有的程序、设备和数据，让资源摆脱地理位置的束缚。

② 数据通信　数据通信是指在两个计算机或终端之间进行信息交换和数据传输。可以

传输各种类型的信息包括数据信息和图形、图像、声音、视频流等各种多媒体信息。

2.1.2 计算机网络的发展过程

计算机网络的演变过程大致可以划分为四个阶段。

（1）远程终端联机阶段

20世纪50年代，以单个计算机为中心的远程联机系统将彼此独立发展的计算机技术与通信技术结合起来，完成了数据通信技术与计算机通信网络的研究，为计算机网络的产生做好了技术准备，奠定了理论基础。

（2）计算机网络阶段

20世纪60年代，由若干个计算机互连的系统，呈现出多处理中心的特点，以美国的ARPANET与分组交换技术为重要标志。ARPANET是计算机网络技术发展中的一个里程碑，它的研究成果对促进网络技术的发展起到了重要的作用，为Internet的形成奠定了基础。

（3）计算机网络互联阶段

由于单一的计算机局域网络无法满足网络的多样性要求，20世纪70年代中后期，出现了统一的网络体系结构、统一的国际标准化协议将分布在不同地理位置上的单个计算机网络相互连接起来。

（4）因特网阶段

20世纪80～90年代是网络互联发展时期，ARPANET网络的规模不断扩大，将全球无数的公司、校园、和个人用户联系起来，最终演变成今天几乎覆盖全球每一个角落的Internet。

2.1.3 计算机网络的分类

计算机网络的分类标准有很多种，按照不同的标准可划分为不同的类别。根据网络覆盖的地理范围和规模分类是最普遍采用的分类方法，它能较好地反映计算机网络的本质特征。

① 按照网络覆盖的地理位置可分为局域网（LAN）、广域网（WAN）和城域网（MAN）。局域网是连接近距离计算机的网络，覆盖范围从几米到数公里。例如办公室或实验室的网、校园网等。局域网数据传输速率较高、误码率较低，易于建立、维护和扩展。

广域网其覆盖的地理范围从几十公里到几千公里，覆盖一个国家、地区或横跨几个洲。例如我国的公用数字数据网、电话交换网属于广域网。

城域网它是介于广域网和局域网之间的一种高速网络，覆盖范围为几十公里，大约是一个城市的规模。

② 按交换方式可分为线路交换网络、报文交换网络和分组交换网络。

③ 按网络拓扑结构可分为星型网络、树型网络、总线型网络、环型网络和网状网络。

2.1.4 网络拓扑结构

计算机网络拓扑结构是将构成网络的结点和连接结点的线路抽象成点和线，用几何关系表示网络结构，从而反映出网络中各实体的结构关系。常见的网络拓扑结构主要有总线型、星型、环型、树型、网状型。

（1）总线型

总线型拓扑结构是将网络中的所有设备通过相应的硬件接口直接连接到公共总线上，一个结点发出的信息，总线上的其它结点均可接收到。优点：结构简单、布线容易、可靠性较高，是局域网常采用的拓扑结构。缺点：所有的数据都需经过总线传送，总线成为整个网络的瓶颈；出现故障诊断较为困难。总线型网络拓扑结构如图 2-1 所示。

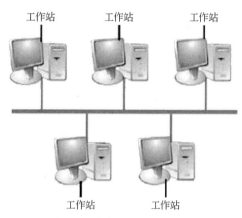

图 2-1　总线型网络拓扑结构

（2）星型

每个结点都由一条单独的通信线路与中心结点连结。优点：结构简单、容易实现、便于管理，连接点的故障容易监测和排除。缺点：中心结点是全网络的关键，中心结点出现故障会导致网络的瘫痪。星型网络拓扑结构如图 2-2 所示。

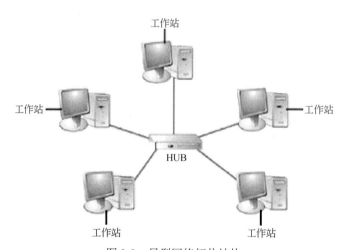

图 2-2　星型网络拓扑结构

（3）环型

各结点通过通信线路组成闭合回路，环中数据只能单向传输。优点：结构简单、容易实现，适合使用光纤，传输距离远。缺点：环网中任意结点出现故障都会造成网络瘫痪，另外故障诊断也较困难。环型网络拓扑结构如图 2-3 所示。

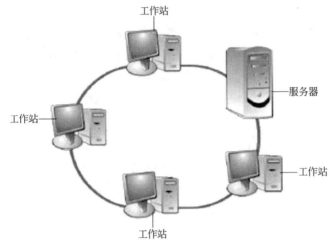

图 2-3　环型网络拓扑结构

（4）树型

是一种层次结构，结点按层次连结，信息交换主要在上下结点之间进行，相邻结点或同层结点之间一般不进行数据交换。优点：连结简单，维护方便，适用于汇集信息的应用要求。缺点：资源共享能力较低，可靠性不高，任何一个工作站或链路的故障都会影响整个网络的运行。树型网络拓扑结构如图 2-4 所示。

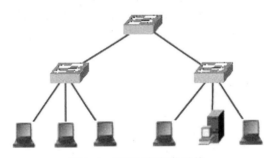

图 2-4　树型网络拓扑结构

（5）网状型

又称作无规则结构，结点之间的联结是任意的，没有规律。优点：系统可靠性高，比较容易扩展，但是结构复杂，每一结点都与多点进行连结，必须采用流量控制。目前广域网基本上采用网状拓扑结构。网状型网络拓扑结构如图 2-5 所示。

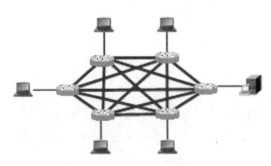

图 2-5　网状型网络拓扑结构

2.2　计算机网络系统的组成

　　跟计算机系统相似，计算机网络系统的组成也包括网络硬件部分和网络软件部分。硬件部分主要包括计算机系统、网络传输介质、网络设备；软件部分主要包括网络操作系统、传输协议、网络应用软件。

2.2.1　计算机网络硬件系统

（1）网络传输介质

　　网络传输介质是指网络中发送方与接收方之间的物理通路，常用的传输介质分为有线传输介质和无线传输介质两大类。有线传输介质主要有双绞线、同轴电缆和光纤。双绞线和同轴电缆传输电信号，光纤传输光信号。无线传输介质主要有微波、红外线、激光等。

　　① 双绞线　为了降低信号的干扰程度，将两根绝缘铜导线相互扭绕在一起形成双绞线，再将一对以上的双绞线封装在一个绝缘外套。双绞线分为非屏蔽双绞线（UTP）和屏蔽双绞线（STP），适合于短距离通信。非屏蔽双绞线价格便宜，传输速度偏低，抗干扰能力较差。屏蔽双绞线抗干扰能力较好，具有更高的传输速度，但价格相对较贵。图 2-6 所示为双绞线。

图 2-6　双绞线

　　② 同轴电缆　同轴电缆由一根圆柱内导体铜质芯线外包裹外导体屏蔽层组成，内导体芯线和外导体屏蔽层之间用绝缘层隔开，为了增强抗干扰能力，电缆外层加上保护塑料层。按直径的不同，同轴电缆可分为粗缆和细缆两种：粗缆传输距离长，性能好但成本高，网络安装、维护困难，一般用于大型局域网的干线；细缆安装较容易，造价较低，但日常维护不方便，一旦一个用户出故障，便会影响其他用户的正常工作。图 2-7 所示为同轴电缆。

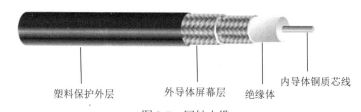

塑料保护外层　　　外导体屏幕层　　绝缘体　　内导体铜质芯线

图 2-7　同轴电缆

图 2-8　光纤

　　③ 光纤　光导纤维简称光纤又叫光缆，它是应用光学原理由一组光导纤维来传播光束的、细小而柔韧的传输介质，也是目前应用最为广泛的一种传输介质。与其他传输介质比较，光纤主要应用于要求传输距离较长、布线条件特殊的主干网连接，具有电磁绝缘性能好、信号衰减小、频带宽、传输速度快、传输距离大等特点，但造价比较昂贵。图 2-8

所示为光纤。

④ 微波　微波是指波长在 1m（不含 1m）到 1mm 之间的电磁波，其频率很高，一般为 300MHz～300GHz。利用微波传输信号时若传输距离过长信号会出现衰减，为了解决这一问题，一般在 40～60km 左右的距离需架设中继站，对信号进行放大后再传输。微波具有频带宽、传输速度快、建设费用低等特点，常被应用于长途通信服务如手机通信。

⑤ 红外线　红外线是太阳光线中众多不可见光线中的一种。利用红外线传输信号具有很强的方向性，防窃取能力强，但由于红外线波长太短（0.75～1000μm），频率太高，不能穿透固体物质，因而对环境因素较为敏感，只能应用于室内或近距离传输。

（2）网络设备

除了计算机系统和网络传输介质外，还需要各种网络设备才能将不同位置上独立工作的计算机连接起来，形成计算机网络。常见的网络设备主要有网卡、集线器、交换机、路由器等。

① 网卡　网卡也叫网络适配器或网络接口卡，是计算机与外界局域网连接时主机箱内插入的一块接口板。如图 2-9 所示。网卡是计算机网络系统中最重要的连接设备之一。网卡的主要功能一方面是将网络上接收来的数据，通过总线传送给计算机，另一方面是将计算机中的数据进行封装转换后传输到网络上。

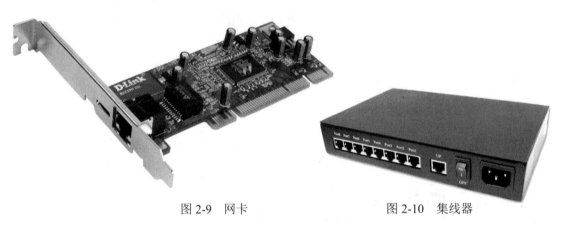

图 2-9　网卡　　　　　　　　　　图 2-10　集线器

② 集线器　集线器（Hub）属于数据通信系统中的基础设备，如图 2-10 所示。它工作在局域网环境，是计算机和服务器之间的连接设备。集线器的主要功能是对接收到的信号进行再生、整形、放大，以扩大网络的传输距离。Hub 在功能上跟中继器一样，所以又被看作是一种多端口的中继器或转发器，当以 Hub 为中心设备时，网络中某条线路产生了故障，并不影响其他线路的工作。

常见的集线器接口数量有 8 口、16 口、24 口等。

③ 交换机　交换机（Switch）是集线器的升级换代产品，所以交换机也是一种网络集中设备。如图 2-11 所示。集线器在某一时刻只能进行数据接收或数据发送，而交换机同时允许接收和发送数据。从理论上讲交换机传输速度比集线器增加一倍，交换机的出现大大地改善了网络性能，显著地提高了网络运行速度。

④ 路由器　路由器（Router）是将局域网接入广域网或将处于不同位置的局域网通过广域网互联起来的网络设备。如图 2-12 所示。路由器是互联网络的枢纽，也是互联网的主要结

点设备。它不仅能实现连接功能，还能对不同网络或网段之间的数据进行"翻译"，以便互联起来的各个网络之间能互相"理解"对方。

图 2-11 交换机   图 2-12 路由器

2.2.2 计算机网络软件系统

（1）网络协议

不同的计算机有不同的"语言"，接入到网络中的计算机要能实现相互通信和数据交换，就得有一套统一的彼此都能识别的"语言"，这就是网络协议。网络协议是指为计算机网络中进行数据交换而建立的规则、标准或约定的集合。

网络协议是由三个要素组成。

① 语义部分 规定了需要发出什么样的控制信息，以及完成哪些动作、做出什么响应。

② 语法部分 规定了用户数据与控制信息的写法和格式。

③ 变换规则 规定数据交换的要求、标准、法则。

人们形象地把这三个要素描述为：语义表示要做什么操作，语法表示操作的对象，变换法则表示怎么做。

（2）网络参考模型

为了使不同计算机厂家生产的计算机能够相互通信，以便在更大的范围内建立计算机网络，国际标准化组织（ISO）在 1978 年提出了"开放系统互联参考模型"，即著名的 ISO/OSI 模型，简称 OSI 模型。它将计算机网络体系结构的通信协议划分为七层，自下而上依次为：物理层、数据链路层、网络层、传输层、会话层、表示层、应用层。分层的好处是利用层次结构可以把开放系统的信息交换问题分解到一系列容易控制的软硬件模块中，而各层可以根据需要独立进行修改或扩充功能。上三层总称应用层，用来控制软件方面。下四层总称数据流层，用来管理硬件。除了物理层之外其它层都是用软件实现的。如图 2-13 所示。

（3）TCP/IP 协议

TCP/IP 协议即传输控制协议/网际协议，是 Internet 最基本的协议，其主要作用是实现各种网络和计算机的互联通信。它由网络层的 IP 协议和传输层的 TCP 协议组成。TCP/IP 定义了计算机如何连入因特网，以及数据如何在它们之间传输的标准。TCP 负责发现传输的问题，一有问题就发出信号，要求重新传输，直到所有数据安全正确地传输到目的地。而 IP 是给因特网的每一台联网设备规定一个地址。

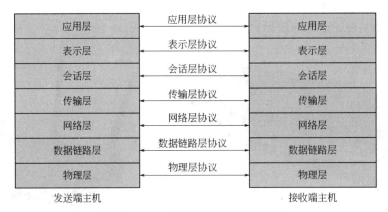

图 2-13　OSI 网络参考模型分层结构

TCP/IP 实际上是一组协议，它包括了上百个各种功能的协议，采用了四层的层级结构即应用层、传输层、网络层、网络访问层。应用层是 TCP/IP 协议的最高层，其功能跟 OSI 模型的最高三层相似。

2.3　Internet 基础知识

Internet 最早来源于美国国防部高级研究计划局 DARPA 的前身 ARPA 建立的 Arpanet，该网于 1969 年投入使用。它把全世界各个地方已有的各种网络互联，组成一个更大的跨越国界范围的庞大的互联网，使不同类型的计算机能交换各种数据。目前已有超过十亿的人在使用 Internet，并且它的用户数还在急剧增加。

2.3.1　Internet 概述

Internet 即因特网，也叫国际互联网，它是一个开放的、互联的遍及全世界的计算机网络系统。它遵守 TCP/IP 协议。Internet 是目前世界上最大的信息网，是世界上第一个实用信息网络。Internet 是在美国早期的军用计算机网 Arpanet（阿帕网）的基础上经过不断发展变化而形成的。Internet 从产生到发展可大致划分为 3 个阶段。

（1）雏形阶段（20 世纪 70 年代）

1969 年，美国国防部高级研究计划局（ARPA）开始建立一个命名为 ARPANET 的实验性网络。出于军事需要，希望建立一个计算机网络，当网络中的一部分被破坏时，其余网络部分会很快建立起新的联系。人们普遍认为这就是 Internet 的雏形。

（2）发展阶段（20 世纪 80 年代）

在 ARPANET 发展的过程中，提出了 TCP/IP 协议，为 Internet 的发展奠定了基础。1985 年美国国家科学基金会将美国五大超级计算机中心连接起来，建立计算机网络 NSFNET。NSFNET 成为 Internet 上主要用于科研和教育的主干部分，代替了 ARPANET 的骨干地位。1989 年开始采用 Internet 这个名称。自此以后，其它部门的计算机网络相继并入 Internet，Arpanet 就宣告解散了。

（3）商业化阶段（20 世纪 90 年代）

随着 Internet 用户的不断增多，信息量的不断增加，其价值也越来越高，因此 Internet 起初以科研教育为主的运营性质逐渐发生了改变。20 世纪 90 年代初，商业机构开始进入 Internet，使 Internet 开始了商业化的新进程，成为 Internet 大发展的强大推动力。1995 年，NSFNET 停止运作，Internet 彻底商业化了。

　　1994 年 4 月我国正式接入 Internet，从此中国的网络建设进入了大规模发展阶段。1996 年初我国拥有了四大具有国际出口的网络体系，分别是中国科技网（CSTNET）、中国教育和科研计算机网（CERNET）、中国公用计算机互联网（CHINANET）、中国金桥信息网（CHINAGBN）。

2.3.2　IP 地址与域名

　　接入到 Internet 中的计算机成千上万，为了实现 Internet 上不同计算机之间正常通信，需要给每台计算机指定一个不与其它计算机重复的唯一的地址标识，就像每一个公民都有唯一身份证号码一样，在 Internet 中用 IP 地址和域名来完成。

　　（1）IP 地址

　　IP 地址是 IP 协议提供的一种统一的地址格式，它为互联网上的每一个网络和每一台主机分配一个逻辑地址。IP 地址用来唯一地标识 Internet 上的各个网络实体。

　　① IP 地址的表示方法　IP 地址是由 32 位的二进制数组成，通常被分隔为 4 个 8 位二进制数。通常用"点分十进制"形式来表示，由"."隔开 4 个十进制，其中每个数的取值范围为 0～255 之间的十进制整数，如 102.58.114.22 和 225.202.0.1 都是合法的 IP 地址。一台主机的 IP 地址由网络号和主机号两部分组成。网络号类似于电话号码中的区号，标明了主机所在的子网，主机号则表示所在子网的具体主机位置。

　　② IP 地址的分类　IP 地址由各级 Internet 管理组织进行分配，为了满足不同容量的网络，它们被分为 5 种不同的类别，即 A～E 类。其中 A、B、C 类（如表 2-1 所示）全球范围内统一分配，D、E 类被留作特殊用途。

表 2-1　A、B、C 三类地址的分配情况

类别	最大网络数	IP 地址范围	最大主机数
A	126（2^7-2）	0.0.0.0～127.255.255.255	16777214
B	16384（2^{14}）	128.0.0.0～191.255.255.255	65534
C	2097152（2^{21}）	192.0.0.0～223.255.255.255	254

　　A 类 IP 地址一般给规模特别大的网络使用。在 A 类 IP 地址的四段号码中，第一段号码为网络号，长度为 1 个字节；剩下的三段号码为主机号，长度为 3 个字节。A 类网络地址数量较少，有 126 个网络，每个网络可以容纳主机数达 1600 多万台。

　　B 类 IP 地址分配给中等网络使用。在 B 类 IP 地址的四段号码中，前两段为网络号，长度为 2 个字节；后两段为主机号，长度为 2 个字节。B 类 IP 地址有 16384 个网络，每个网络所能容纳的计算机数为 6 万多台。

　　C 类 IP 地址适合于小型网络使用。在 B 类 IP 地址的四段号码中，前三段为网络号码，长度为 3 个字节；剩下的一段为主机号，长度为 1 个字节。C 类网络地址数量较多，有 209 万余个网络，每个网络最多只能包含 254 台计算机。

　　③ IPv6　前面讲到的用 32 位二进制表示的 IP 地址的版本称为 IPv4，它大约有 43 亿个地址。随着上网人口的不断增多，IPv4 定义的有限地址空间将被耗尽，地址空间的不足

将会影响网络的发展进程。为了扩大地址空间，人们提出了用 128 位的长度来表示 IP 地址，这就是 IPv6 版本。IPv6 几乎可以不受限制地提供地址。与 IPv4 相比，IPv6 的优势主要体现在一是明显地扩大了地址空间，二是提高了网络的整体吞吐量，三是安全性有了更好地保证。

（2）域名

IP 地址是 Internet 中寻址用的数字标识，不管是用二进制形式还是点分十进制形式表示，人们都不容易记忆。为了采用人们习惯的表示方式，便于人们记忆和使用，TCP/IP 引进了一种字符型的主机命名方式，就是域名。域名的实质就是用一组字符组成的名字代替 IP 地址。为了避免重名，域名采用层次结构，各层次之间用"."隔开，从左自右分别是主机名.…….二级域名.顶级域名。如 www.baidu.com、www.tsinghua.edu.cn 等。

顶级域名采用通用的标准代码，分为通用顶级域名、国家和地区顶级域名两类，常用的通用顶级域名如表 2-2 所示。

表 2-2　通用顶级域名

域名代码	含义	域名代码	含义
com	商业组织	net	网络服务机构
edu	教育机构	org	非营利组织
gov	政府部门	int	国际组织
mil	军事机构	info	信息服务机构

国家和地区顶级域名按照 ISO 国家代码进行分配，例如中国是"cn"，日本是"jp"，美国是"us"，澳大利亚是"au"等。

（3）域名解析

域名和 IP 地址都是表示网络上主机的地址，他们是同一事物的不同表示。用户可以使用主机的 IP 地址，也可以使用它的域名。将域名转换为 IP 地址的过程称为域名解析。当用户输入某个主机的域名时，这个信息首先到达域名解析服务器，域名服务器将此域名解析为其对应网站的 IP 地址，再对该 IP 地址进行访问。在解析的过程中如遇某域名服务器不能解析时，该域名服务器将向其上级域名服务器发出解析请求，直至完成域名转换的过程。

2.3.3　Internet 的基本服务

Internet 已深入到人们生活的方方面面，成为人们获取信息的主要渠道，人们已经习惯每天到网站上看看感兴趣的新闻，下载学习参考资料，收发电子邮件，与朋友亲人交流聊天等，Internet 为人们提供的服务越来越广泛。归纳起来 Internet 的基本服务主要有以下几个方面。

（1）WWW 服务

① 万维网　万维网（World Wide Web，简称 WWW 或 3W）是目前 Internet 上最方便与最受用户欢迎的信息服务类型，它是一种基于超文本方式的信息检索工具。WWW 由 3 部分组成：浏览器、Web 服务器和超文本传送协议。

② 统一资源定位器（URL）　统一资源定位器是在 HTML 的超链接中用来定位信息资源所在位置的。描述了浏览器检索资源所在的协议、资源所在计算机的主机名，以及资源的路

径与文件名。

标准的 URL 格式：协议：//IP 地址或域名/路径/文件名。如 http://www.cqhg.edu.cn/index.html。

这个例子表示的含义为，用户要连接到名为 www.cqhg.edu.cn 的主机上，采用 HTTP 方式读取名为 index.html 的超文本文件。

③ 超文本传输协议　超文本传输协议（Hyper Transfer Protocol，HTTP）是 Web 客户机与 Web 服务器之间的应用层传输协议。HTTP 协议是基于 TCP/IP 的协议。HTTP 会话过程包括 4 个步骤：连接、请求、应答、关闭。

（2）FTP 服务

FTP（File Transfer Protocol）即文件传输协议，用于管理计算机之间的文件传送。FTP 服务可以在两台远程计算机之间传输文件，在网络上相互共享文件。若要获取 FTP 服务器的资源，则需要拥有该主机的 IP 地址（主机域名）、账号、密码。但许多 FTP 服务器允许用户匿名用户登录，口令任意。FTP 可以实现文件传送的两种功能：下载和上传，文件传输只有文本模式和二进制模式。

（3）E-mail 服务

电子邮件（E-mail）是 Internet 上使用非常广泛的一种服务。电子邮件通过网络传送具有方便、快速，不受地域或时间限制等优点，受到广大用户欢迎。邮件服务器需要使用两个不同的协议：简单邮件传输协议（SMTP）用于发送邮件，邮局协议（POP3）用于接收邮件，可以保证不同类型的计算机之间电子邮件的传送。

要使用电子邮件服务，首先要拥有一个电子邮箱，每个电子邮箱有一个唯一可识别的电子邮件地址。电子邮件地址的格式是固定的：用户名@主机域名。如：Jack@163.com。要使用电子邮件进行通信，每个用户必须有自己的邮箱，电子邮箱是由提供电子邮件服务的机构为用户建立的。如网易、新浪、腾讯等都提供免费邮箱，只需用户登录网站，进行注册，即可获得。任何人都可以将电子邮件发送到某个电子邮箱中，但是只有电子邮箱的用户输入正确的用户名和密码，才能查看到相应的内容。

（4）远程登录服务（Telnet）

远程登录是 Internet 提供的基本信息服务之一，是提供远程连接服务的终端仿真协议。它可以使你的计算机登录到 Internet 上的另一台计算机上。你的计算机就成为你所登录计算机的一个终端，可以使用那台计算机上的资源，例如打印机和存储设备等。

（5）BBS 服务

BBS，全称"电子公告板系统"（Bulletin Board System），它是 Internet 上著名的信息服务系统之一。电子公告板就像实际生活中的公告板一样，可以把自己参加讨论的文字"张贴"在公告板上，或者从中读取其它人"张贴"的信息，用户在这里可以围绕某一主题开展持续不断的讨论。电子公告板的好处是可以由用户来"订阅"，每条信息也能像电子邮件一样被复制和转发。

2.4　Internet 的基本操作

2.4.1　浏览器的使用

浏览器是用于浏览 www 的工具，安装在用户的机器上，是一种客户机软件。它能够把用超文本标记语言描述的信息转换成便于理解的形式。此外，它还是用户与 www 之间的桥梁，把用户对信息的请求转换成网络上计算机能够识别的命令。浏览器有很多种，如：Microsoft 公司的 Internet Explorer（简称 IE）。下面以 Windows 7 系统上的 Internet Explorer 9（IE9，或简称 IE）为例，介绍浏览器的常用功能及操作方法。

（1）IE 的启动和关闭

使用开始菜单启动 IE。单击 Windows 系统左下角任务栏上的"开始"菜单，然后在"所有程序"弹出菜单中找到 Internet Explorer 图标，单击它就可以打开 IE 浏览器了。或者可以在桌面及任务栏上设置 IE 的快捷方式，直接单击快捷方式图标打开。

关闭 IE 的方法有如下 4 种。

① 单击 IE 窗口右上角的关闭按钮区。

② 单击 IE 窗口左上角，在弹出菜单中单击"关闭"。

③ 在任务栏的 IE 图标右键菜单中单击"关闭窗口"按钮。

④ 选中 IE 窗口后，按组合快捷键【Alt+F4】。

注意，IE9 是一个选项卡式的浏览器，也就是可以在个窗口中打开多个网页。因此在关闭时会提示选择"关闭所有选项卡"或"关闭当前的选项卡"。

（2）Web 页面的保存和打开

① 保存 Web 页　保存全部 Web 页的具体操作步骤如下。

步骤 1：打开要保存的 Web 页面。

步骤 2：按 Alt 键显示菜单栏，单击"文件""另存为"命令，打开"保存网页"对话框，或使用快捷键【Ctrl+S】。

步骤 3：选择要保存文件的盘符和文件夹。

步骤 4：在文件名框内输入文件名。

步骤 5：在保存类型框中，根据需要可以从"网页，全部""Web 档案，单个文件""网页，仅 HTML""文本文件"四类中选择一种。

步骤 6：单击"保存"按钮保存。

② 保存部分 Web 页内容的操作步骤　有时候需要的并不是页面上的所有信息，这时可以灵活运用【Ctrl+C】（复制）和【Ctrl+V】（粘贴）两个快捷键，将 Web 页面上部分感兴趣的内容复制、粘贴到某一个空白文件上。具体操作步骤如下。

步骤 1：用鼠标选定想要保存的页面文字。

步骤 2：按下【Ctrl+C】快捷键，将选定的内容复制到剪贴板。

步骤 3：打开一个空白的 Word 文档或记事本，按【Ctrl+V】将剪贴板中的内容粘贴到文档中。

步骤 4：给定文件名和指定保存位置，保存文档。

③ 保存图片、音频等文件　www 网页内容是非常丰富的，浏览时除了保存文字信息，还经常会保存一些图片。保存图片的具体操作步骤如下。

步骤 1：在图片上单击鼠标右键。

步骤 2：在弹出的菜单上选择"图片另存为"，单击打开"保存图片"对话框。

步骤 3：在对话框内选择要保存的路径，输入图片的名称。

步骤 4：单击"保存"按钮。

因特网上的超链接都指向一个资源，这个资源可以是一个 Web 页面，也可以是声音频文件、压缩文件等文件。要下载保存这些资源，具体操作步骤如下。

步骤 1：在超链接上单击鼠标右键。

步骤 2：在弹出的菜单上选择"目标另存为"，单击打开"另存为"对话框。

步骤 3：在对话框内选择要保存的路径，输入要保存的文件的名称。

步骤 4：单击"保存"按钮。

④ 打开已保存的 Web 页　对已经保存的 Web 页，可以不用连接到因特网打开阅读，因为网页的内容已经保存在本机上了，不再需要上网下载了。打开已保存 Web 页的具体操作如下。

步骤 1：在 IE 窗口上单击"文件"→"打开"命令，显示"打开"对话框。

步骤 2：在"打开"对话框的打开文本框中输入所保存的 Web 页的盘符和文件夹名。也可以单击"浏览"按钮，直接从文件夹目录中选择要打开的 Web 页文件。

步骤 3：单击"确定"按钮，就可以打开指定的 Web 页。

2.4.2　FTP 的使用

前面章节中简单介绍了 FTP（文件传输协议）的原理，它的应用也非常简单，这里主要介绍如何在 FTP 站点上浏览和下载文件。通过之前的学习，那就是可以以 Web 方式访问 FTP 站点，如果访问的是匿名 FTP 站点，则浏览器可以自动匿名登录。

当要登录一个 FTP 站点时，需要打开 IE 浏览器，在地址栏输入 FTP 站点的 URL。需要注意的是，因为要浏览的是 FTP 站点，所以 URL 的协议部分输入 ftp，例如 FTP 站点 URL 是 ftp://192.168.0.104。

使用 IE 浏览器访问 FTP 站点并下载文件的操作步骤如下。

步骤 1：打开 IE 浏览器，在地址栏中输入要访问的 FTP 站点地址，按回车键。如图 2-14 所示。

图 2-14　通过浏览器打开 FTP 文件

步骤 2：如果在该站点下载文件，找到需要下载的文件路径，右击在快捷菜单中选择"目标另存为"，在弹出的对话框中，输入指定的路径，单击"确定"保存。如图 2-15 所示。

图 2-15　下载 FTP 文件

另外，也可以在 Windows 资源管理器中查看 FTP 站点，操作步骤如下。

步骤 1：在"开始"按钮上单击右键，选择"打开 Windows 资源管理器"，或在桌面上找到"计算机"图标并双击打开。

步骤 2：在资源管理器的地址栏输入 FTP 站点地址，按回车键。如图 2-16 所示，访问本机匿名站点，管理方式与 Windows 资源管理器一样，双击就可以进入文件夹浏览。如果该站点不是匿名站点，则会提示输入用户名和密码，然后登录专用账户。如图 2-17 所示。

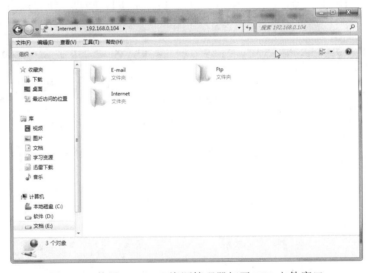

图 2-16　使用 Windows 资源管理器打开 FTP 文件窗口

步骤 3：当有文件或文件夹需要下载时，可以在该文件或文件夹的图标上右击，在快捷菜单中选择"复制"。

步骤 4：打开目的地路径位置，在空白区域右击，在快捷菜单中选择"粘贴"，即可完成。

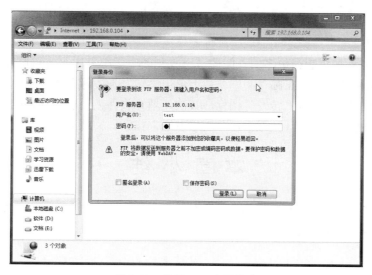

图 2-17　登录 FTP 专用账户

2.4.3　Outlook 的使用

（1）账号的设置

在使用 Outlook 收发电子邮件之前，必须先对 Outlook 进行账号设置。打开 Outlook 2010 后，在"文件"→"信息"中找到"添加账户"按钮，在"添加新账户"窗口，选中"电子邮件账户"，单击"下一步"，输入姓名、电子邮件地址、密码和再次输入密码，单击"下一步"，将会进行正在配置电子邮件服务器设置，等待几分钟，直到配置成功，单击"完成"按钮。完成后，在"文件"→"信息"中的账户信息下就可以看到配置好的账户，此时就可以使用 Outlook 进行邮件的收发。

（2）撰写与发送邮件

① 双击 Microsoft Outlook 2010 图标，启动 Outlook。

② 单击"开始"选项卡中的"新建电子邮件"按钮，窗口上半部分为信头，在收件人地址栏中输入接收人的电子邮件地址，在抄送地址栏中输入抄送人的电子邮件地址，填写主题信息，在附件地址栏中可以添加文本、图片等资料同邮件一起传送；窗口的下半部分为信体，在此可以输入邮件内容。

（3）接收和阅读邮件

① 双击 Microsoft Outlook 2010 图标，启动 Outlook。

② 单击 Outlook 窗口左侧的 Outlook 栏中"收件箱"按钮，即可查看所有收到的电子邮件。若要浏览某一个邮件，单击打开邮件列表区中的邮件链接，阅读邮件。

③ 如果邮件中含有附件，则在邮件图标右侧会列出附件的名称，若需要查看附件内容时，可单击附件名称，在 Outlook 中预览；若需要保存附件到本地文件夹中，可以右击文件名，在弹出的快捷菜单中选择"另存为"，在打开的"保存附件"窗口中指定保存路径，并单击"保存"按钮。

（4）回信和转发

① 回复邮件　阅读完邮件，需要回复时，在邮件阅读窗口中单击"答复"或"全部答复"图标，弹出回信窗口，系统自动填好发件人和收件人的电子邮箱地址，原邮件内容也都

显示出来作为引用内容。该内容可以删除，也可以保留，方便再次引用邮件内容。回信内容写好后，单击"发送"按钮，完成回信邮件操作。

② 转发邮件　如果想让更多的人阅读自己收到的电子邮件内容，可以转发该邮件。

刚阅读过的邮件，直接在邮件阅读窗口上单击"转发"图标。收件箱中的邮件，需要首先选中要转发的邮件，单击"转发"图标。其次，填写收件人的电子邮件地址，多个电子邮件地址之间用逗号或分号隔开。最后，单击"发送"按钮，完成转发。

本 章 小 结

本章主要介绍了计算机网络的基本知识及其应用。包括了计算机网络的定义、发展过程、分类、拓扑结构，计算机网络系统的组成，因特网的基础知识以及浏览器的使用、FTP 的使用、Outlook 的使用等。

第 3 章　Windows 7 操作系统及其操作

学习目的与要求

> ➤ 了解 Windows 7 操作系统简介
> ➤ 掌握 Windows 7 窗口和菜单的基本操作
> ➤ 掌握 Windows 7 文件和文件夹管理及基本操作
> ➤ 掌握磁盘管理工具的使用

3.1　Windows 7 操作系统简介

3.1.1　操作系统的定义

操作系统（Operating System，简称 OS）是管理和控制计算机硬件与软件资源的计算机程序，是直接运行在"裸机"上的最基本的系统软件，任何其它软件都必须在操作系统的支持下才能运行。操作系统是用户和计算机的接口，为用户提供良好的人机交互平台和界面。其具体管理功能分为处理机管理、存储管理、文件管理、设备管理和作业管理。常见的操作系统有：Windows、Unix、Linux、Mac OS 等。

3.1.2　Windows 7 操作系统概述

Windows 7 是由微软公司（Microsoft）开发的操作系统。常见的版本有 Windows 7 Home Basic（家庭普通版）、Windows 7 Home Premium（家庭高级版）、Windows 7 Professional（专业版）、Windows 7 Enterprise（企业版）和 Windows 7 Ultimate（旗舰版）。与之前的版本相比较，具有易用、简单、高率等特性。

3.1.3　Windows 7 的启动与关闭

（1）计算机的启动
计算机的启动分为冷启动、热启动和复位启动 3 种方式。
① 冷启动　按主机箱上的"Power"按钮，打开计算机电源，这种启动计算机的过程称

为冷启动。

② 热启动　按【Ctrl+Alt+Delete】组合键或者通过 Windows 7 中的"重新启动"命令启动计算机的过程称为热启动，适用于计算机处于开机状态，计算机没有死机的情况。此种启动方式不会进行系统自检。

③ 复位启动　在计算机已经通电的情况下，按主机箱上的"Reset"按钮重新启动计算机的过程称为复位启动，适用于计算机死机的情况。使用此种方式启动计算机时要对系统进行自检。

（2）Windows 7 的启动

打开一台安装了 Windows 7 操作系统，且没有任何故障的计算机主机箱上的电源开关，就可以进入 Windows 7 操作系统的登录界面，如果设置了多个用户或密码，就需要用户根据自己的实际情况选择账户和密码进行登录，进入 Windows 7 的桌面。

（3）Windows 7 的注销

注销不必重新启动计算机就可以实现不同用户登录。注销 Windows 7 操作系统有以下两种方法。

方法 1：打开"开始"菜单，移动鼠标指向"关机"按钮旁的向右箭头，在出现的菜单中选择"注销"命令，如图 3-1 所示。

图 3-1　级联菜单

方法 2：按【Ctrl+Alt+Delete】组合键，在出现的界面中，选择"注销"命令。如图 3-2 所示。

说明："注销"与"切换用户"不同，"切换用户"是指在不关闭当前登录用户的情况下而切换到另一个用户，用户可以不关闭正在运行的程序，而当再次返回时系统会保留原来的状态。

（4）关闭计算机

单击"开始"按钮，在弹出的"开始"菜单单击"关机"按钮，计算机将关闭所有打开的程序及 Windows 操作系统本身，然后完全关闭计算机。

图 3-2　注销界面

3.2　Windows 7 的基本操作

3.2.1　桌面、任务栏及跳转列表

（1）桌面

桌面是进入到 Windows 7 操作系统之后看到的主屏幕。桌面上有各类图标，它们代表不同的对象。如有：计算机、网络、回收站等。如图 3-3 所示。

图 3-3　桌面图标

（2）任务栏

任务栏是位于主屏幕的底部。用户通过任务栏快捷地管理、切换和执行各类应用操作，任务栏从左至右分别是"开始"按钮、快速启动区、任务栏按钮、输入法区、通知区和"显示桌面"按钮，如图 3-4 所示。

图 3-4　任务栏

"开始"按钮主要是打开"开始"菜单。

快速启动区主要是显示最常用的程序图标，单击该图标可快速启动相应的应用程序，用户可以将经常使用的应用程序放到这个区域。

任务栏按钮主要是显示正在使用的文件或应用程序，单击任务栏上的图标（按【Alt+Tab】组合键或【Alt+Esc】组合键）可以切换到不同的窗口。将鼠标指针移动到图标上，将显示它们的缩略图窗口，用户还可以直接通过缩略图关闭窗口。

通知区包括一个时钟和一组图标。这些图标表示计算机上某程序的状态，或提供访问特定设置的途径。例如，指向网络图标将显示是否连接到网络、连接速度及信号强度的信息。如图 3-5 所示。

"显示桌面"按钮用于隐藏窗口，显示桌面。

（3）跳转列表

Windows 7 为"开始"菜单和任务栏引入一个跳转列表功能。

跳转列表是最近或经常打开的项目列表，它为用户打开这些程序提供了快捷的方式。右击任务栏上的"Windows 资源管理器"，会打开跳转列表。如图 3-6 所示。

图 3-5　无线网络连接状态

图 3-6　任务栏上程序的跳转列表

3.2.2　窗口组成及操作

（1）窗口的组成

在 Windows 7 中，窗口具有导航的作用，它可以帮助用户轻松地使用文件、文件夹和库。Windows 7 窗口主要由菜单栏、地址栏、工具栏等若干部分组成，　如图 3-7 所示。窗口各部分组成的功能见表 3-1。

（2）窗口的操作

在 Windows 7 中可以同时打开多个窗口，窗口始终显示在桌面上，窗口的基本操作包括移动窗口、调节窗口大小、工具栏操作，以及最大化/还原、最小化、关闭等。

① 移动窗口　将鼠标指针移到窗口的标题上，按住鼠标左键并拖动窗口到桌面上的目的位置。

② 更改窗口大小　单击标题栏右侧的"最小化"按钮、"最大化"按钮、"还原"按钮、"关闭"按钮，可以快速地实现窗口的大小调节、隐藏窗口等操作。关闭窗口常用方法如下。

a．按【Alt+F4】组合键关闭窗口。

b．按【Alt+Space】组合键打开窗口控制菜单，选择"关闭"命令。

c．如果关闭的是程序窗口，可以选择"文件"→"退出"菜单命令来关闭窗口，退出应用程序。

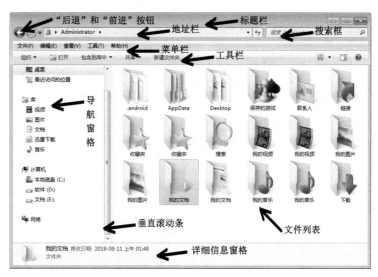

图 3-7　窗口的组成

表 3-1　窗口组成元素的功能

名称	作用
菜单栏	提供用户在操作过程中要用到的访问途径
地址栏	地址栏位于每个已打开窗口顶部的搜索框旁边，显示当前所在的位置，单击地址栏中的位置可直接导航至该位置
工具栏	使用工具栏可以执行此常见任务，工具栏的按钮可更改为仅显示相关的任务
导航窗格	用于访问库、文件夹、保存的搜索结果，甚至可以访问整个硬盘。选择"收藏夹"选项可以打开最常用的文件夹和搜索；选择"库"选项可以访问库；选择"计算机"文件夹可以浏览硬盘上的文件夹和子文件夹
"后退"按钮 "前进"按钮	使用"后退"按钮和"前进"按钮可以导航至已打开的其它文件夹或库，而无须关闭当前窗口。这些按钮可与地址栏一起使用
搜索框	能快速搜索 Windows 中的文档、图片、程序、Windows 帮助甚至网络等信息
详细信息窗格	使用详细信息窗格可以查看与选定文件关联的最常见属性。文件属性是关于文件的信息
滚动条	可通过拖动水平或者垂直滚动条来查看窗格中所有的内容

　　d．如果该窗口处于最小化的状态，可以右击其任务栏按钮，在弹出的快捷菜单中选择"关闭"命令。

　　③ 切换窗口

　　a．单击所要激活的窗口任意位置。

　　b．通过按【Alt+Tab】组合键，主屏幕上显示一个小框，框中排列着所有已经打开程序的窗口图标，每按一次"Tab"键，就会跳到下一个窗口图标，实现窗口切换。

　　c．通过按【Alt+Esc】组合键，可以直接实现窗口之间切换，不会在主屏幕上显示一个小框。

　　④ 排列窗口　排列窗口有"自动"排列窗口和通过"对齐"排列窗口两种方式。

　　a．自动排列窗口

　　自动排列窗口分为层叠显示、堆叠显示、并排显示三种方式。

　　方法：先打开多个窗口，右击任务栏的空白区域，在弹出的快捷菜单中分别选择"层叠窗口""堆叠显示窗口"或"并排显示窗口"命令。

b．通过"对齐"排列窗口

对齐排列窗口可以在移动的时候，自动调整窗口的大小，或将窗口与屏幕的边缘对齐。

方法：将窗口的标题栏拖动到屏幕的左侧或右侧，直到出现已展开窗口的轮廓，释放鼠标即可将窗口扩展为屏幕大小的一半。将窗口的标题栏拖动到屏幕的顶部，直到出现已展开窗口的轮廓，释放鼠标即可将窗口扩展为全屏显示。将窗口的上边缘或下边缘拖动到屏幕的顶部或底部，可使窗口扩展至整个桌面的高度，但窗口的宽度不变。

3.2.3　菜单

（1）菜单的类型

菜单是操作系统或应用软件所提供的操作功能的一种最主要的表现形式。在 Windows 7 中，常用的菜单有"开始"菜单、快捷菜单和命令菜单等。

图 3-8　"开始"菜单

① "开始"菜单　"开始"菜单是计算机程序、文件夹和设置的主门户。它提供一个选项列表，通过它可以启动程序、打开常用的文件夹、搜索文件和文件夹、调整计算机设置、获取有关 Windows 操作系统的帮助信息、关闭计算机、注销 Windows 或切换到其它用户账户等，如图 3-8 所示。

"开始"菜单由 3 个部分组成。

左边的大窗格显示计算机上程序的一个短列表。鼠标指向"所有程序"选项可显示程序的完整列表。

左边窗格的底部是搜索框，通过输入搜索项可在计算机上查找程序和文件。

右边窗格提供对常用文件夹、文件、设置和功能的访问，用户还可以注销 Windows 或关闭计算机。

自定义开始菜单可以使用户更容易查找喜欢的程序和文件夹。

② 快捷菜单　快捷菜单是用鼠标右击某个对象时弹出的菜单，该菜单中的功能都是与当前操作对象密切相关的，其命令与当前操作状态和位置有关。

③ 命令菜单　命令菜单是由窗口菜单栏上的各个功能选项组成的菜单，如"文件"等。Windows 系统的每个窗口均有菜单栏，其中包括该应用几乎所有的功能，选择菜单栏中的某个菜单将会弹出个下拉式菜单，其中包括若干命令。

（2）菜单的有关约定

Windows 系统及应用程序所提供的各种菜单，其各个功能选项表示的特定含义，详见表 3-2。

（3）对话框

在 Windows 中，对话框是特殊类型的窗口，用于用户输入信息、设置选项，或向用户提供信息，如图 3-9 所示。对话框的大小一般是不可调节的。

表 3-2 菜单的有关约定

功能选项	含义
含带下画线的字母	热键，按键盘上的该字母键则执行该选项功能
灰色选项	该功能选项当前不可使用
省略号（…）	选择该功能将出现一个对话框
复选标记（√）	该选项功能当前有效，再次单击则取消选择，此时该选项功能当前无效
圆点	该选项功能当前有效，多个选项中只选一项且必选一项
深色选项	为当前选项，按移动光标键可更改，按"Enter"键则执行该选项功能
三角形（▶）	表示鼠标指针指向该选项后会弹出一个级联菜单（或称子菜单）
键符或组合键符	表示该选项命令的快捷键，使用快捷键可以直接执行相应的命令

在 Windows 的对话框中，还提供了如下控件。

选项卡：当两组以上功能的对话框合并在一起形成一个多功能对话框时就会出现选项卡，单击标签名可进行选项卡的切换。

文本框：用于输入当前操作所需的文本信息。

数值框：用于输入数字，若其右边有上下两个方向相反的三角形按钮，也可单击它来改变数值大小。

单选按钮：表示在一组选项中只能选择一项，单击某项则被选中，被选中项前面有一个圆点"•"。

复选框：有一组选项供用户选择，可选择若干项，各选项间一般不会冲突，被选中的项前有一个"√"，再选择该项则取消"√"。

列表框：列出当前状态下的相关内容供用户查看并选择，当有显示不完的内容时，会自动出现滚动条。

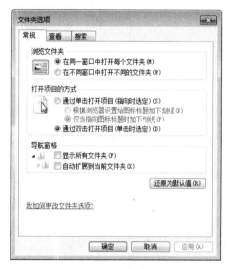

图 3-9 "文件夹选项"对话框

下拉列表框：单击框右边的下拉按钮会出现一个下拉列表，其中显示了可选择的选项。

按钮：单击按钮可以执行该命令。当按钮呈灰色显示时则表示当前不可以使用，按钮中有省略号时表示将出现下一级对话框。

3.2.4 库

Windows 资源管理器中的库是浏览、组织、管理和搜索具备共同特性的文件的一种方式。它的优势是可以有效地组织、管理位于不同分区、文件夹中的文件，而无须从其存储位置移动这些文件。

Windows 7 提供了 4 个默认库：文档库、图片库、音乐库和视频库，如图 3-10 所示。

① 文档库：用于组织和排列字处理文档、电子表格、演示文稿及其它与文本有关的文件。

② 图片库：用于组织和排列数字图片。

③ 音乐库：用于组织和排列数字音乐。

④ 视频库：用于组织和排列视频。

默认情况下，移动、复制或保存到文档库、图片库、音乐库和视频库的文件都分别存储在"我的文档""我的图片""我的音乐""我的视频"文件夹中。用户可以轻松地将文件夹添加到默认库中，也可以创建自己的库。

图 3-10　Windows 7 中的库

　　在 Windows 资源管理器的导航窗格中，单击左侧的向右三角形图标，可展开其中的结构组织，单击左侧的向右下角三角形图标可折叠。左窗格和右窗格之间有条分隔条，将鼠标指针置于两窗格分界处，当指针形状变成双向箭头时，按下鼠标左键拖动分界线可改变左右窗格的大小。

3.2.5　其它操作

（1）创建快速启动按钮

　　将 Windows 7 中的"截图工具"应用程序的快捷方式制作成任务栏中的快速启动按钮，操作步骤如下。

　　① 单击"开始"按钮，选择"所有程序"→"附件"→"截图工具"菜单命令。

　　② 按住鼠标左键拖动"截图工具"图标至任务栏中的快速启动区，当出现黑色"I"状指针时释放鼠标。或者右击"截图工具"图标，在弹出的快捷菜单中选择"锁定到任务栏"命令。此时，"截图工具"程序的快速启动按钮添加完成。如图 3-11 所示。

（2）将常用的文件夹固定到跳转列表

　　用户要随时快速访问某个文件夹，则可以将该文件夹固定到跳转列表中，操作步骤如下。

　　① 选定一个目标文件夹。

　　② 将该文件夹拖动到任务栏区域，当出现"附加到 Windows 资源管理器"的提示时松开鼠标即可。如图 3-12 所示。

（3）设置任务栏属性

　　在任务较多时，将相似任务分组显示，用任务栏时将其隐藏，其操作步骤如下。

　　① 右击任务栏的空白区域，在弹出的快捷菜单中选择"属性"命令，打开"任务栏和「开始」菜单属性"对话框。

　　② 在"任务栏"选项卡中选择"锁定任务栏""自动隐藏任务栏"复选框，在"任务栏按钮"下拉列表中选择"当任务栏被占满时合并"选项，如图 3-13 所示。

　　③ 单击"确定"按钮。

图 3-11　创建快速启动按钮

图 3-12　将文件夹固定到跳转列表

（4）自定义"开始"菜单

将"最近使用的项目"添加至"开始"菜单，将频繁使用的程序的快捷方式的数目设置为 10 个，操作步骤如下。

① 右击"开始"按钮，在弹出的快捷菜单中选择"属性"命令，打开"任务栏和「开始」菜单属性"对话框，切换到"「开始」菜单"选项卡，如图 3-14 所示。

图 3-13　设置任务栏属性

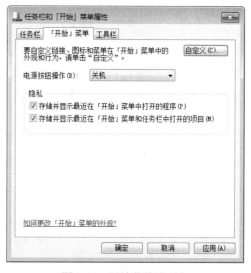

图 3-14　开始菜单选项卡

② 在"隐私"选项区域中选中"存储并显示最近在「开始」菜单和任务栏中打开的项目"复选框。

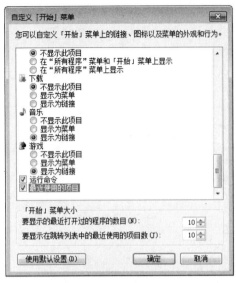

图 3-15　自定义开始菜单

③ 单击"自定义"按钮，打开"自定义「开始」菜单"对话框，拖动垂直滚动条，在列表框中查找并选中"最近使用的项目"复选框，在"要显示的最近打开过的程序的数目"微调框中输入"10"，如图 3-15 所示。

④ 单击"确定"按钮，然后再次单击"确定"按钮。

如果经常要使用某些程序，则可以将这些程序图标锁定到开始菜单。

操作方法是：右击想要锁定到"开始"菜单中的程序图标，在弹出的快捷菜单中选择"锁定到「开始」菜单"命令后，锁定的程序图标将出现在"开始"菜单的左侧。如果要解锁程序图标，则只需右击该图标，然后在弹出的快捷菜单中选择"从「开始」菜单解锁"命令。

（5）设置桌面属性

为计算机更改桌面主题、桌面背景图片、更改屏幕保护程序、更改账户图片、调整屏幕分辨率的操作步骤如下。

① 右击桌面空白区域，在弹出的快捷菜单中选择"个性化"命令，打开"个性化"窗口，如图 3-16 所示。

图 3-16　个性化窗口

② 在"更改计算机上的视觉效果和声音"列表框中选择系统主题，单击某个主题可以预览该主题。

③ 单击下方的"桌面背景"图标，打开如图 3-17 所示的窗口。

④ 在"图片位置"列表框中可以选择 Windows 的自带图片，也可以浏览自己保存的图片。

图 3-17　桌面背景窗口

⑤ 设置完成后单击"保存修改"按钮。

⑥ 在"个性化"窗口中，单击"屏幕保护程序"链接，打开"屏幕保护程序设置"对话框，单击"屏幕保护程序"下方的下拉列表框，从弹出的列表中选择要使用的屏幕保护程序选择"彩带"，然后调整"等待"时间，设置计算机处于闲置状态进入屏幕保护程序的时间间隔 1 分钟，勾选"在恢复时显示登录屏幕"复选框，最后单击"确定"按钮，应用设置并关闭对话框。如图 3-18 所示。

图 3-18　屏幕保护程序设置对话框

⑦ 单击"个性化"窗口左侧窗格中的"更改账户图片"链接，打开"更改图片"窗口。在列表中选择将要显示在欢迎屏幕和"开始"菜单上的图片，然后单击"更改图片"按钮，完成更改图片的操作。如图 3-19 所示。

图 3-19　更改账户图片

⑧　单击"个性化"窗口左侧窗格中的"显示"链接，在"显示"窗口左侧窗格中的"调整分辨率"链接，根据需要更改显示器外观设置，在"分辨率"下拉列表中拖动滑块调整分辨率，如图 3-20 所示，单击"确定"按钮。

图 3-20　调整屏幕分辨率

（6）用户账户设置

①　用户账户的类型　在 Windows 系统中，用户账户分为标准用户、管理员账户和来宾账户 3 种类型，每种类型为用户提供不同的控制操作和访问权限。

a．管理员账户　管理员账户具有计算机的完全访问权限，可以对计算机进行任何需要的更改，所进行的操作可能会影响到计算机中的其他用户。

b．标准用户　标准用户可以使用大多数软件以及更改不影响其他用户或计算机安全的系统设置。

c．来宾账户　来宾账户是给临时使用计算机的用户使用的。默认情况下，来宾账户已被禁用，如果使用来宾账户，则首先需要将其启用。使用来宾账户登录系统时，不能创建账户密码、更改计算机设置以及安装软件或硬件。

② 创建新的用户账户　在 Windows 中，可以为每个使用计算机的用户创建一个用户账户，以便用户进行个性化的设置。具体操作步骤如下。

a．在"控制面板"中单击"用户账户"打开用户账户窗口，单击"管理其他账户"打开管理账户窗口。如图 3-21 所示。

图 3-21　管理账户窗口

b．单击管理账户窗口的"创建一个新账户"链接，打开"创建新账户"窗口。如图 3-22 所示。

图 3-22　创建新账户窗口

c．在文本框中输入新账户的名为"Test1"，然后选择新账户类型为 "标准用户"，单击"创建账户"按钮，新账户创建完成。

d．在"管理账户"窗口双击"Test1"账户，进入"更改账户"窗口，可以完成更改账户名称、创建密码、更改图片、设置家长控制、更改账户类型、删除账户、管理其他账户等操作，可根据需要进行相关设置。如图 3-23 所示。

图 3-23　更改账户设置

（7）库的基本操作

① 新建库　Windows 7 提供了 4 个默认独立库，即文档库、音乐库、图片库和视频库，除此之外，还可以新建库。

a．打开"开始"菜单→"所有程序"→"附件"→"Windows 资源管理器"，在资源管理器中单击导航窗格中的"库"。

b．在工具栏中单击"新建库"，或在窗口空白区域右击，在弹出的快捷菜单中选择新建"库"。

c．输入库的名称"学习资料"，然后按"Enter"键，新建库如图 3-24 所示。

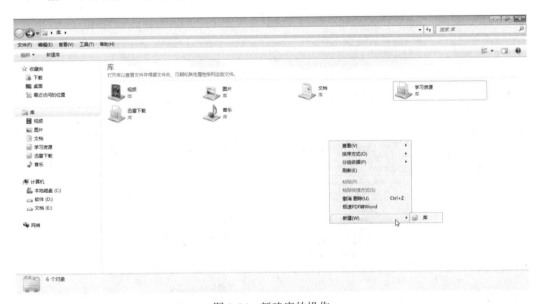

图 3-24　新建库的操作

② 删除库　在库窗口中，选中不需要的库，右击库，在弹出的快捷菜单中选择删除。

（8）其他操作

① 任务管理器　任务管理器在 Windows 系统中经常被使用，是一个简单实用的计算机

维护小工具。通过任务管理器可以轻松查看计算机 CPU 与内存的使用情况、网络占用情况，还可以查看程序和进程的运行情况，并且可以关闭掉不需要的程序、进程。

　　打开任务管理器可按【Ctrl+Alt+Delete】组合键或在任务栏上右击，选择"启动任务管理器"命令，打开任务管理器窗口，如图 3-25 所示。

　　② 查看计算机基本信息　右击桌面"计算机"图标，在快捷菜单中选择"属性"命令，可打开"系统"窗口，在此窗口可以查看计算机的基本信息，如 Windows 7 版本，处理器型号、内存大小和计算机名称等，如图 3-26 所示。

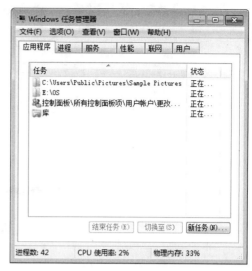

图 3-25　任务管理器窗口

图 3-26　系统窗口

　　③ 磁盘的信息查看和格式化

　　a. 查看磁盘信息　单击"开始"按钮，选择"控制面板"选项，切换到"小图标"方式，双击"管理工具"中的"计算机管理"图标，将显示"计算机管理"窗口。或右击桌面上的"计算机"，在弹出的快捷菜单中选择"管理"命令，打开"计算机管理"窗口。在"计算机管理"窗口的左边窗格中展开"存储"选项，选择"磁盘管理"选项，在右边窗格中显示磁盘分区情况、文件系统类型、容量、空闲空间等相关信息，如图 3-27 所示。

　　b. 格式化磁盘　右击需要格式化的磁盘，在弹出的快捷菜单中选择"格式化"，如图 3-28 所示，根据所需情况进行设置，最后选择"是"按钮，完成磁盘格式化。磁盘分区后，在使用时还需要对其进行格式化。在格式化磁盘时，使用文件系统对其进行配置，以便 Windows 可以在磁盘上存储信息。格式化会删除磁盘上的所有数据，并重新创建文件分配表。

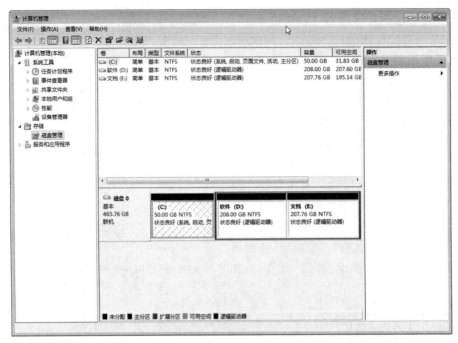

图 3-27　查看磁盘信息

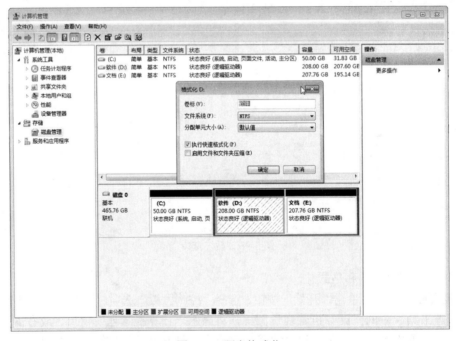

图 3-28　硬盘格式化

3.3　文件和文件夹管理及操作

对文件的管理应是 Windows 7 操作系统的基本功能之一，包括文件和文件夹的创建、查看、复制、移动、删除、搜索、重命名等操作。在 Windows 7 中，文件的管理通过"Windows

资源管理器"来完成。

3.3.1　文件和文件夹管理

（1）文件和文件夹的相关概念

① 文件　文件是操作系统存取磁盘信息的基本单位，文件中可以存放文本、数值、图像等信息，是磁盘上存储的信息的一个集合。每个文件都有一个唯的名字，操作系统正是通过文件的名字对文件进行管理的。

② 文件夹　操作系统中的文件管理是按名存取的。它为每个存储设备都创建了一个文件列表，称为目录。表中包括了诸如文件名、文件扩展名等信息，每个存储设备上的主目录称为根目录。为了更好地组织文件，人们通常将目录又分成更小的列表，称为子目录或子文件夹，以此类推。

文件夹是可以在其中存储文件的容器。文件夹主要用于存放、整理和归纳各种不同类型的文件，以及组织和管理设备文件。文件夹中除了存储各类文件外，还可以存储其它文件夹。文件夹中包含的文件夹通常称为"子文件夹"。

在 Windows 7 资源管理器中是采用树形目录结构对文件和文件夹进行管理的。由树形目录结构中的各级文件夹可以指定文件所在的位置，被指定的这个位置称为文件的路径，分为绝对路径和相对路径。绝对路径是指从盘符开始的路径，相对路径是从当前路径开始的路径。

③ 命名规则　文件（文件夹）的名称包括文件根名和扩展名两部分。文件根名可使用英文或汉字，扩展名表示这个文件的性质。命名要通俗易懂，即"见名知意"，同时必须遵守以下规则。

a. 文件（文件夹）名最多使用 255 个英文字符或 127 个汉字。

b. 文件（文件夹）名的开头字符不能使用空格。

c. 不能含有以下符号：斜线（\或/）、竖线（|）、小于号（<）、大于号（>）、冒号（:）、引号（"）、问号（?）、星号（*）。

d. 用户在文件（文件夹）名中可以指定文件名的英文大小写格式，但不区分大小写，相同的大小写名称被认为是同一个文件。

e. 同文件夹下不能有两个及两个以上相同的文件（文件夹）名。

④ 通配符　在 Windows 7 中搜索文件时可以在文件名中使用通配符。通配符主要有两种：*和?，它们的使用说明如表 3-3 所示。

表 3-3　通配符的含义

通配符	含义
?	表示任意一个有效字符
*	表示任意多个有效字符

⑤ 文件类型　文件的扩展名用来表示文件的类型。在计算机中，文件用图标表示，不同类型的文件在 Windows 7 中对应不同的文件图标，如表 3-4 所示。

在查看文件类型时，文件的扩展名有时是隐藏的。例如，文件名称为 Test.docx 的文件，在文件扩展名默认隐藏的情况下的操作结果为 Test。

表 3-4　部分文件类型与图标和扩展名的对应关系

扩展名	文件类型	扩展名	文件类型
.html	网页文件	.avi	视频文件
.rar	压缩文件	.docx	Word 字处理文件
.exe	可执行文件	.xlsx	Excel 电子表格文件
.txt	文本文件	.pptx	PowerPoint 演示文稿文件
.jpg	图片文件	.mdb	Access 数据库文件
.ttf	字体文件	.mp3	音频文件
.bat	备份文件	.swf	Flash 动画文件

（2）改变文件的排序方式和显示方式

① 排序方式　在 Windows 7 中，文件的排序方式有名称、大小、类型和修改日期 4 种。

改变文件排序方式的方法：右击窗口空白处，在快捷菜单中选择"排序方式"命令，或者选择"查看"→"排序方式"菜单命令，然后根据实际需要选择排序的方式，同时还可以选择是按升序（递增），还是降序（递减）排列。

② 显示方式　在 Windows 7 中，文件列表的显示方式有超大图标、大图标、中等图标、小图标、列表、详细信息、平铺和内容。

改变文件列表显示方式的方法：单击工具栏中的"更改您的视图"按钮，可在这些视图之间进行切换；如果单击"更改您的视图"按钮旁的下拉按钮，则可在下拉列表中选择显示方式。

（3）剪贴板

① 什么是剪贴板　剪贴板是 Windows 系统中一段连续的、可随存放信息的大小而变化的临时存储区域，占用的是一部分内存空间，用来临时存放交换信息。

在 Windows 系统中，剪贴板可存放文字、图形、图像、声音、文件、文件夹等信息，其工作过程是将选定的内容"复制"或"剪切"到剪贴板中暂时存放，当需要时"粘贴"到目标位置。使用剪贴板时，用户不能直接感觉到它的存在，但可以在查看剪贴板中的内容。

② 剪贴板的应用　用户使用剪贴板时，常用的有剪切、复制、粘贴 3 种操作。

a. 剪切操作　选择"编辑"→"剪切"菜单命令，或右击需要剪切的内容，在弹出的快捷菜单中选择"剪切"命令，或单击工具栏上的"剪切"按钮，均可将选定的内容移动到剪贴板中。

b. 复制操作　选择"编辑"→"复制"菜单命令，或右击需要复制的内容，在弹出的快捷菜单中选择"复制"命令，或单击工具栏上的"复制"按钮，均可将选定的内容复制到剪贴板中。

c. 粘贴操作　粘贴操作是将剪贴板中的内容复制到当前位置或插入到应用程序的光标开始位置。确定目标位置后，选择"编辑"→"粘贴"菜单命令，或右击，在弹出的快捷菜单中选择"粘贴"命令，或单击工具栏上的"粘贴"按钮，即可将剪贴板中的内容粘贴到目标位置上。

在实际应用中，常使用快捷键【Ctrl+C】、【Ctrl+X】、【Ctrl+V】分别完成复制、剪切、粘贴功能。

（4）回收站

回收站主要用来存放用户临时删除的文档资料，占用的是一部分硬盘空间。回收站是一个特殊的文件夹，默认在每个硬盘分区根目录下的 RECYCLER 文件夹中，而且是隐藏的。当将文件删除并移到回收站后，实质上就是把它放到了这个文件夹，仍然占用磁盘的空间，只有在回收站里将其删除或清空回收站才能使文件真正删除。

（5）文件和文件夹的基本操作

① 选定文件或文件夹　在 Windows 中，对文件或文件夹进行操作之前，必须先选定文件或文件夹。选定的文件或文件夹的名字表现为深色加亮。

选定单个文件或文件夹：单击目标文件名或文件夹名。

选定多个文件或文件夹：单击要选定的第 1 个文件或文件夹，按下"Shift"键单击最后一个文件或文件夹，也可以用鼠标拖动进行框选。

选定多个非连续的文件或文件夹：按下"Ctrl"键单击要选的每一个文件或文件夹。

全部选定文件或文件夹：选择"编辑"→"全部选定"菜单命令，或按快捷键【Ctrl+A】完成。

② 搜索文件或文件夹　Windows 提供的查找文件或文件夹有下面 2 种常见的方式。

a．使用"开始"菜单中的搜索框进行查找。

b．使用 Windows 资源管理器中的搜索框进行查找。

方法：在搜索框中输入主题内容，然后按"Enter"键或单击"搜索"按钮　　，将会出现搜索结果的页面。

③ 移动、复制文件和文件夹　复制或移动文件和文件夹的操作方法主要有下面 4 种。

a．使用鼠标左键

● 同盘复制：按住"Ctrl"键拖动到目标位置。

● 同盘移动：按住"Shift"键拖动或者直接拖动到目标位置。

● 不同盘复制：按住"Ctrl"键拖动或者直接拖动到目标位置。

● 不同盘移动：按住"Shift"键拖动到目标位置。

在进行移动操作时，鼠标指针形状为　；在进行复制操作时，鼠标指针形状为　。

b．使用右键拖动　选定一个或多个对象，用右键将其拖动到目标位置，释放鼠标后，在弹出的快捷菜单中根据需要选择"复制到当前位置"或"移动到当前位置"命令。

c．使用快捷菜单　右击选定的对象，在弹出的快捷菜单中选择"编辑"→"复制"或"剪切"命令；或选择"编辑"→"复制"或"剪切"菜单命令，然后选择目标文件夹，使用"粘贴"命令。

d．使用快捷键　选定对象，按快捷键【Ctrl+C】或者【Ctrl+X】，然后选择目标文件夹，按快捷键【Ctrl+V】。

④ 删除与恢复文件或文件夹　要删除文件或文件夹，选定对象后，可以采用如下的操作方法。

方法 1：选定需删除的对象，然后按"Delete"键。这时，Windows 打开"确认文件删除"对话框，询问用户是否要把文件或文件夹放入回收站中，单击"是"按钮。

方法 2：选定需要删除的对象，选择"文件"→"删除"菜单命令。

方法 3：右击需要删除的对象，在弹出的快捷菜单中选择"删除"命令。

方法 4：直接拖动需要删除的对象到"回收站"图标上。

使用上述方法删除的本地磁盘中的对象，其实并未真正从磁盘中删除，只是被放入了回收站。用户可在清空回收站之前，右击选定的对象，在弹出的快捷菜单中选择"还原"命令来恢复。

按【Shift+Delete】组合键，则选定对象会被直接删除而不会被放入"回收站"。

⑤ 文件或文件夹的更名　文件或文件夹的更名可采用下面 4 种方法。

方法 1：右击需要更名的文件或文件夹，在弹出的快捷菜单中选择"重命名"命令，输入新名称，按"Enter"键完成更名。

方法 2：选定要更名的文件或文件夹，选择"文件"→"重命名"菜单命令，输入新名称，按"Enter"键完成更名。

方法 3：选定要更名的文件或文件夹，按功能键"F2"，输入新名称，按"Enter"键完成更名。

方法 4：双击要更名的文件或文件夹的名称，输入新名称，按"Enter"键完成更名。

⑥ 快捷方式　快捷方式是对系统各种资源的链接，一般通过快捷图标来表示，使用户可以方便、快捷地访问系统资源。快捷方式可建立在桌面、库、"开始"菜单、"程序"菜单或文件夹中。

⑦ 文件或文件夹共享　共享文件或文件夹就是将某个计算机中的文件或文件夹和其它计算机进行分享。将其它位置的文件或文件夹设置为共享，可以使用以下方法。

方法 1：使用 Windows 资源管理器中的"共享"菜单，右击需要共享的文件，将鼠标移动到弹出的快捷菜单"共享"选项，在弹出的子菜单中选择不共享或家庭组（读取）或家庭组（读取/写入）或特定用户，如图 3-29 所示。

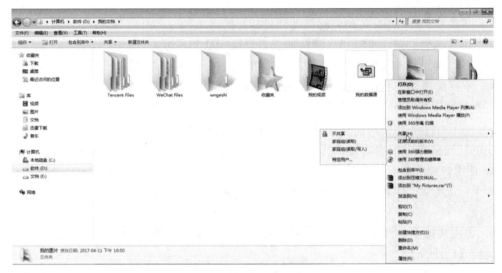

图 3-29　文件夹共享

不共享：表示该项目只有用户自己能访问。

a. 家庭组（读取）：表示该项目以只读权限方式供家庭组使用，即其他用户只可以查看，不可改动。

b. 家庭组（读取/写入）：表示该项目以读/写权限方式供家庭组使用，即其他用户可以打开、修改或删除文件。

c. 特定用户：选择该选项将打开文件共享向导，用户可以选择与其共享的单个用户。

单击一个文件或文件夹，可在 Windows 资源管理器窗口底部的详细信息窗格中查看它是否被共享。

方法 2：使用公用文件夹共享。启用"公用文件夹共享"的操作步骤如下。

a. 在 Windows 资源管理器中选中其中的任何一个公用文件夹。

　b. 选择"共享"→"高级共享设置"命令，打开如图 3-30 所示的窗口。

图 3-30　高级共享设置窗口

　　c. 展开当前的网络配置文件，在"公用文件夹共享"选项区域中选择"启用共享以便可以访问网络的用户可以读取和写入公用文件夹中的文件"单选按钮。

　　d. 单击"保存修改"按钮。

　　⑧ 文件夹的属性　文件和文件夹的属性记录了文件和文件夹的详细信息，广义的文件属性主要包括常规信息，如对象名称、对象类型、打开方式等；陕义的文件属性一般包括只读、隐藏、存档等。

　　a. 只读：只能对文件进行读的操作，不能删除，修改或保存。

　　b. 隐藏：在通常情况下不显示该文件，以防止泄密或被误删除等。

　　c. 存档：表明文件在上次备份后做过修改。

　　查看文件或文件夹的属性，可以右击文件或文件夹，在弹出的快捷菜单中选择"属性"进行查看。如图 3-31 所示。还可以对文件或文件夹添加、更改常见属性。

图 3-31　文件和文件夹属性

方法 1：打开包含要更改文件属性的文件夹，选中需要修改的对象，在详细信息窗格中，在要添加或更改的属性旁单击，输入新的属性或更改该属性，最后单击"保存"按钮。如图 3-32 所示。

图 3-32　添加或更改常见（未显示）属性

方法 2：打开包含要更改文件属性的文件夹，选中需要修改的文件右击，在弹出的快捷菜单中选择"属性"命令，打开属性窗口，切换到详细信息标签，输入或更改相关属性。如图 3-32 所示。

3.3.2　文件和文件夹基本操作

（1）创建文件夹

【例 1】在 E 盘（E:\）根目录下新建一个名称为"考试文件夹"的文件夹。在该文件夹中建立两个子文件夹，即"复习资料"和"考试说明"，在"复习资料"文件夹中建立"计算机基础"和"计算机网络技术"两个子文件夹，在"考试说明"文件夹中建立"考试时间安排""考试座位安排"和"考场纪律说明" 3 个子文件夹。

1. 在 E 盘（E:\）根目录空白区域右击，在弹出的快捷菜单中，选择"新建"命令，打开级联菜单。如图 3-33 所示。

2. 选择级联菜单中的"文件夹"命令，新建一个名为"新建文件夹"的文件。如图 3-34 所示。

3. 删除默认文件夹名称，输入文件夹的名称为"考试文件夹"，然后单击空白区域或按"Enter"键，完成文件夹的创建。如图 3-35 所示。

其它文件夹的创建步骤同上述 1. ~ 3.，如图 3-36 ~ 图 3-38 所示。

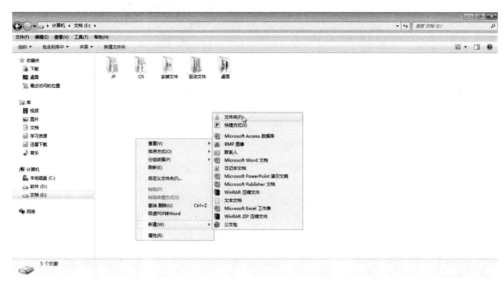

图 3-33　级联菜单

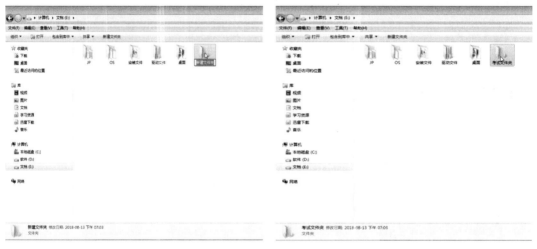

图 3-34　新建文件夹

图 3-35　"考试文件夹"的创建

图 3-36　"复习资料"和"考试
说明"文件夹的创建

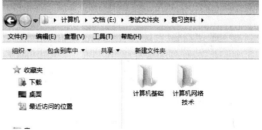

图 3-37　"计算机基础"和"计算机
网络技术"文件夹的创建

图 3-38 子文件夹的创建

（2）创建文件

【例2】 在"复习资料"文件夹中新建两个 Word 字处理文件，名称为"计算机基础期末复习资料.docx"和"计算机网络技术期末复习资料.docx"。在"考试时间安排"文件夹中建立一个 Excel 电子表格文件，名称为"考试时间安排表.xlsx"。在"考试座位安排"文件夹中建立一个 Excel 电子表格文件，名称为"考试座位安排表.xlsx"。在"考场纪律要求"文件夹中建立一个 PowerPoint 演示文稿文件，名称为"考场纪律说明会.pptx"。

1. 在"复习资料"文件夹空白区域右击，在弹出的快捷菜单中，选择"新建"命令，打开级联菜单。如图 3-39 所示。

图 3-39 级联菜单

2. 选择级联菜单中的"Microsoft Word 文档"命令，新建一个名为"新建 Microsoft Word 文档"的文件。如图 3-40 所示。

3. 删除默认文件名称，输入文件的名称为"计算机基础期末复习资料"，然后单击空白区域或按"Enter"键，完成文件的创建。如图 3-41 所示。

特别提醒：删除默认文件名时，不要将扩展名".docx"删除，如已不小心删除，需在文件名后重新输入扩展名".docx"，否则会出错。

其它文件的创建步骤同上述 1.～3.，如图 3-42～图 3-45 所示。

图 3-40　新建文件

图 3-41　新建文件的命名

图 3-42　新建 Word 文件

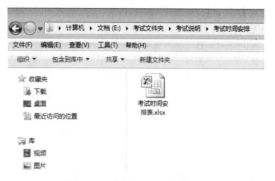

图 3-43　新建 Excel 文件 1

图 3-44　新建 Excel 文件 2

图 3-45　新建 PPT 文件

（3）复制或移动和文件和文件夹、重命名文件和文件夹

【例3】将"考试时间安排"文件夹中"考试时间安排表.xlsx"和"考试座位安排"文件夹中"考试座位安排表.xlsx"复制到"复习资料"文件夹中，并依次重命名"第 1 场考试时间"和"第 1 场考试座位"。

1. 打开"考试时间安排"文件夹，选中"考试时间安排表.xlsx"，使用【Ctrl+C】组合键进行复制。

2. 打开"复习资料"文件夹，使用【Ctrl+V】组合键粘贴到目的地。

3. 选中"考试时间安排表.xlsx"，按"F2"键重命名，输入第 1 场考试时间，按"Enter"键或单击空白区域完成。

其它文件的创建步骤同上述 1. ~ 3.，如图 3-46 所示。

图 3-46　复制、移动和重命名文件

（4）创建文件夹包含到库

【例 4】在库中建立一个"复习资料"库，将"计算机基础"文件夹添加到该库中，以方便管理。

1. 打开"Windows 资源管理器"中，在库中空白区域右击，在弹出的快捷菜单中选择"新建"→"库"命令，创建一个名为"复习资料"的库。如图 3-47 所示。

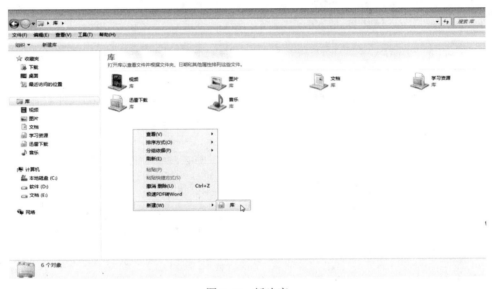

图 3-47　新建库

2. 打开"复习资料"文件夹，右击"计算机基础"文件夹，在弹出的快捷菜单中选择"包含到库中"命令，选择"复习资料"库。如图 3-48～图 3-49 所示。

（5）创建快捷方式

【例 5】在桌面为"考场纪律说明会.pptx"文件创建一个快捷方式，并移动到"考试文件夹"中。

1. 打开"考试纪律说明"文件夹，右击"考场纪律说明会.pptx"，在弹出的快捷菜单中，选择"发送到"→"桌面快捷方式"命令。如图 3-50 所示。

2. 在桌面上，右击"考场纪律说明会.pptx"快捷方式，在弹出的快捷菜单中，选择"剪切"，打开"考试文件夹"，右击空白区域，在弹出的快捷菜单中，选择"粘贴"。如图 3-51 所示。

图 3-48 选择"复习资料"库

图 3-49 创建文件夹包含到库

图 3-50 创建快捷方式

图 3-51　复制快捷方式

（6）隐藏文件/显示隐藏的文件

【**例6**】将"复习资料"文件夹中"第1场考试时间.xlsx"和"第1场考试座位.xlsx"两个文件设置为隐藏。

1. 打开"复习资料"文件夹，右击"第1场考试时间.xlsx"文件，在弹出的快捷菜单中，选择"属性"。如图 3-52 所示。

2. 在打开的"属性"对话框中，勾选"隐藏"复选框，单击"确定"按钮完成。

其它文件的设置步骤，同上述①~②。

图 3-52　设置文件属性

如需查看或编辑隐藏文件，方法是：打开"复习资料"文件夹，单击"工具"→"文件夹选项"，在"文件夹选项"对话框，切换到"查看"标签，在高级设置中，选中"显示隐藏的文件、文件夹和驱动器"选项，单击"确定"。

修改完成后，可通过同样的方法，选中"不显示隐藏的文件、文件夹和驱动器"，单击"确定"按钮即可将文件再次隐藏，以实现文件的保密。如图 3-53 所示。

如需隐藏或显示已知文件类型的扩展名的操作同理。在"文件夹选项"高级设置中，勾选"隐藏已知文件类型的扩展名"则为隐藏已知文件类型的扩展名，反之，不勾选则为显示已知文件类型的扩展名。如图 3-53 所示。

（7）共享文件或文件夹

【例 7】将"考试说明"文件夹中"考场纪律说明"文件夹设置为只能读取的共享文件夹。

打开"考试说明"文件夹，右击"考场纪律说明"文件夹，在弹出的快捷菜单中，选择"共享"→"家庭组（读取）"选项。如图 3-54 所示。

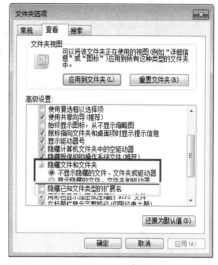

图 3-53　设置隐藏文件

图 3-54　设置共享文件夹

（8）删除文件或文件夹

【例 8】将"考试文件夹"中"考场纪律说明会.pptx"快捷方式有永久性删除。

1. 打开"考试文件夹"，选中"考场纪律说明会.pptx"快捷方式，按"Delete"键，在弹出的"删除快捷方式"对话框中，单击"是"按钮，此时快捷方式进入了"回收站"文件夹中，可在"回收站"文件夹中还原恢复，即完成逻辑删除。如图 3-55 所示。

提示：选中"考场纪律说明会.pptx"快捷方式，按【Shift+Delete】组合键，直接将快捷方式永久性删除，无需进入回收站，此方法务必谨慎操作，一旦删除将无法找回。

2. 在桌面上，打开"回收站"文件夹，找到"考场纪律说明会.pptx"快捷方式，按 Delete 键，在弹出的"删除快捷方式"对话框中，单击"是"按钮，完成永久性删除。如图 3-56 所示。或在桌面上，右击"回收站"文件夹，在弹出的快捷菜单中，选择"清空回收站"命令，此操作会将"回收站"文件夹中所有文件永久性删除。

图 3-55　删除文件　　　　　　　　　　　图 3-56　永久性地删除文件

本 章 小 结

　　本章介绍了 Windows 7 操作系统及其操作。通过对本章的学习，用户能够了解 Windows 7 的定义、概述和启动与关闭等知识；了解文件和文件夹的概念、作用和属性。本章重点是使用户熟悉掌握 Windows 7 的基本操作，文件和文件夹的基本操作，以及对 Windows 7 操作系统的环境配置与管理。

第 4 章 Word 2010 的使用

学习目的与要求

> ➤ 掌握 Word 2010 的启动、退出及窗口组成等基本知识
> ➤ 掌握 Word 2010 文字输入和编辑的基本操作
> ➤ 掌握 Word 2010 字符格式、段落格式和页面设置的基本操作
> ➤ 掌握 Word 2010 文档打印设置的相关操作
> ➤ 掌握 Word 2010 剪贴画、艺术字、图片等图形对象的操作，能进行图文混合排版
> ➤ 掌握 Word 2010 表格制作与编辑的操作方法

4.1 Word 2010 概述

Word 2010 是 Microsoft Office 2010 系列办公软件的组件之一，它的功能十分强大，主要用于文字编辑、表格制作、图文处理、版面设计和文档打印等。使用 Word 2010 可以方便地创建图文并茂、符合用户要求的各种文档，如办公文件、毕业论文、个人简历、商业合同等。

4.1.1 Word 2010 的启动与退出

（1）Word 2010 的启动

① 单击"开始"按钮，在弹出的菜单中选择"所有程序"→"Microsoft Office"→"Microsoft Office 2010"菜单命令。

② 双击桌面上已建立的 Word 2010 快捷方式图标。

③ 直接双击由 Word 2010 建立的文档图标。

（2）Word 2010 的退出

常用的方法有如下几种。

① 单击标题栏右侧的"关闭"按钮。

② 选择"文件"→"退出"菜单命令。

③ 使用【Alt+F4】组合键。

退出 Word 2010 时，程序将首先关闭当前已打开的全部文档，如果其中的某个文档尚未存盘，则弹出相应的对话框，用户可根据提示信息进行操作。

4.1.2　Word 2010 的工作窗口及其组成

中文 Word 2010 的工作界面如图 4-1 所示，其组成元素主要包括标题栏、快速访问工具栏、文件菜单、选项卡、文档编辑区、状态栏、文档视图工具栏、显示比例控制栏、滚动条、标尺等。

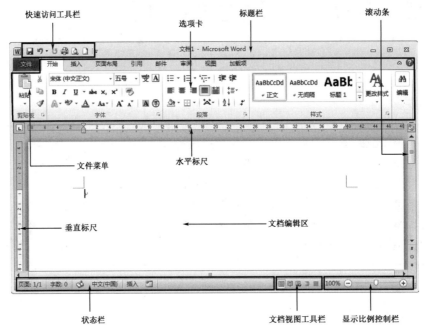

图 4-1　Word 2010 的工作界面

（1）标题栏

标题栏位于 Word 窗口的顶端，中间显示当前正在编辑的文档的名称，默认的文件名是"文档 1""文档 2"等，其右侧有 3 个窗口控制按钮，分别是"最小化"按钮，"最大化"/"还原"按钮和"关闭"按钮。

（2）快速访问工具栏

快速访问工具栏默认位于 Word 窗口标题栏左侧，其主要作用是使用户能快速启动经常使用的命令。

（3）"文件"菜单

Word 2010 的"文件"菜单中提供了一组和文件相关的操作命令，取代了以前版本中的"文件"菜单并增加了一些新功能。

（4）选项卡

①"开始"选项卡　"开始"选项卡包括了剪贴板、字体、段落、样式和编辑等几个选项组，它包含了有关文字编辑和排版格式设置的各种功能，如图 4-2 所示。

②"插入"选项卡　"插入"选项卡包括页、表格、插图、链接、页眉和页脚、文本和符号等几个选项组。主要用于在文档中插入各种对象，如图 4-3 所示。

图 4-2 "开始"选项卡

图 4-3 "插入"选项卡

③"页面布局"选项卡 "页面布局"选项卡包括主题、页面设置、稿纸、页面背景、段落、排列等几个选项组，用于对文档页面进行相关的设置，如图 4-4 所示。

图 4-4 "页面布局"选项卡

④"引用"选项卡 "引用"选项卡包括目录、脚注、引文与书目、题注、索引和引文目录等几个选项组，用于在文档中插入目录、脚注与尾注等功能，如图 4-5 所示。

图 4-5 "引用"选项卡

⑤"邮件"选项卡 "邮件"选项卡包括创建、开始邮件合并、编写和插入域、预览结果和完成等几个选项组，主要用于在文档中进行邮件合并的相关操作，如图 4-6 所示。

图 4-6 "邮件"选项卡

⑥"审阅"选项卡 "审阅"选项卡包括校对、语言、中文简繁转换、批注、修订、更改、比较和保护等几个选项组，主要用于对文档进行审阅、校对和修订等操作，如图 4-7 所示。

图 4-7 "审阅"选项卡

⑦"视图"选项卡 "视图"选项卡包括文档视图、显示、显示比例、窗口和宏等几个选项卡，主要用于设置不同的窗口查看方式，便于用户进行操作，如图 4-8 所示。

图 4-8 "视图"选项卡

⑧"加载项"选项卡 "加载项"选项卡仅包括"菜单命令"一个选项组，主要用于为 Word 配置附加属性，如自定义快速访问工具栏等，如图 4-9 所示。

图 4-9 "视图"选项卡

（5）文档编辑区

文档编辑区是 Word 中最重要的部分，所有关于文本编辑的操作都将在该区域中完成，文档编辑区中有个闪烁的光标，称为文本插入点，用于定位文本的输入位置。

（6）状态栏

状态栏位于 Word 工作窗口的底端左侧，主要用来显示当前文档的一些相关信息，如当前页面数、字数等。

（7）文档视图工具栏

所谓"视图"，简单来说就是指文档的查看方式。对于同一个文档，Word 提供了多种不同的查看方式，用户可以根据需求选择不同的视图。

① 页面视图 页面视图可以显示页眉、页脚、图形对象、页面边距等元素，是最接近打印结果的视图，一般用于版面设计。

② 阅读版式视图 阅读版式视图以图书的分栏样式来显示 Word 2010 文档，选项卡、状态栏等对象被隐藏起来，适合用户阅读长篇文章。

③ Web 版式视图 Web 版式视图以网页的形式显示 Word 2010 文档，可根据窗口的大小自动调整每一行所显示的文字内容。

④ 大纲视图 大纲视图适合于编辑文档的大纲，可以方便地查看和修改文档的结构。在大纲视图中，可以只显示某一个级别的标题，也可以展开文档显示整个文档的内容。

⑤ 草稿视图　草稿视图取消了页面边距、分栏、页眉页脚和图片等元素，仅显示标题和正文，是最节省计算机系统硬件资源的视图方式。当然现在计算机系统的硬件配置都比较高，基本上不存在由于硬件配置偏低而使 Word2010 运行遇到障碍的问题。

（8）显示比例控制栏

显示比例控制栏由"缩放级别"按钮和"缩放滑块"组成，主要用于设置文档的显示比例。

（9）标尺

标尺位于文档编辑区的左侧和上侧，分为垂直标尺和水平标尺，主要用于确定文本和对象在纸张上的位置。除此以外，通过标尺上的按钮还可以设置制表位、段落缩进等。

（10）滚动条

滚动条分为水平滚动条和垂直滚动条，通过滚动条中的按钮或滑块，可以改变文档编辑区中显示的内容。

4.2　Word 2010 的基本操作

本节主要介绍 Word 2010 文档的新建与保存操作；输入文本与特殊符号并进行插入、删除、复制、移动、查找与替换等基本编辑操作；设置字符格式与段落格式的操作；设置首字下沉与分栏操作；设置页眉与页脚等操作。

4.2.1　新建与保存文档

在启动 Word 2010 以后，系统会自动新建一个新的空白文档，默认文件名为"文档 1.docx"，用户可以直接使用。如果新建的文档不能满足用户的需要，用户还可以创建新的文档。Word 2010 创建文档的方法主要有创建新的空白文档和通过模板创建文档。

（1）新建空白文档

空白文档是最常使用的文档，可以用以下方法之一来创建。

① 选择"文件"→"新建"命令，在打开的列表框中选择"空白文档"选项，然后单击右侧的"创建"按钮即可。

② 单击快速访问工具栏上的"新建"按钮。

③ 使用【Ctrl+N】组合键。

（2）通过模板创建文档

Word 2010 提供了很多固定的模板文档，如名片、传真、备忘录等，用户创建某种类型的模板文档后，只需在相应的位置输入需要的信息，就可快速完成该文档的制作。

选择"文件"→"新建"命令，在打开的"可用模板"列表中选择需要的模板样式，最后单击右侧的"创建"按钮，如图 4-10 所示。

（3）保存 Word 文档

Word 2010 文档的保存方法分为"保存"和"另存为"两种，这两种方法都可以将文档保存下来，不同之处是"保存"操作会将原文件覆盖，而"另存为"操作则是在不覆盖原文件的情况下在另外的位置保存文档。

① 保存文档　保存文档的常用方法有如下几种。

a. 选择"文件"→"保存"命令。

图 4-10　新建文档操作

　　b. 单击"快速访问工具栏"上的"保存"命令。

　　c. 使用【Ctrl+S】组合键。

　　如果文档之前被保存过，那将执行保存操作，Word 会自动用修改后的内容覆盖原内容并进行保存。若文档未保存过，Word 会自动打开"另存为"对话框，用户可在其中指定文档名称和保存位置。

　　② 另存为文档　另存为文档是保存过的文档重新保存为另一个文档，但原文档不会发生变化。选择"文件"→"另存为"命令，打开"另存为"对话框，设置文档保存位置并输入文件名，再单击"保存"按钮，如图 4-11 所示。

图 4-11　"另存为"对话框

4.2.2　输入与编辑文本

　　创建或打开一个 Word 文档后，用户便可根据需要输入文本，然后对该文本进行编辑操作，包括选择、删除、复制和移动、查找和替换、以及撤消与恢复等。

（1）**输入文本**

在 Word 2010 中输入文本的方法十分简单，只需在文档编辑区中定位光标插入点（闪烁的黑色光标"｜"），然后依次输入相应内容即可。

① 输入普通文本　在文档中定位插入点位置，切换至中文输入法后，即可输入文本。文本输入满一行后，光标会自动跳转到下一行开始位置，如需手动换行，按"Enter"键即可。

② 输入符号　结合"Shift"键，按键盘上符号对应按键即可输入符号。但需要注意的是输入法状态，如果当前是中文输入法状态，输入的是中文符号；如果当前是英文输入状态，则输入的是英文符号。

③ 插入特殊符号　在输入文本时，会碰到一些键盘上没有的特殊符号（如一些数学符号、单位符号等），除了可以使用汉字输入法的软键盘以外，还可以使用 Word 提供的"插入"符号功能，操作方法如下。

a．定位光标插入点，选择"插入"选项卡→"符号"选项组中的"符号"按钮，在打开的列表框中，显示的是最近使用过的符号，点击就可以直接插入该符号。如果需要插入其它符号，则单击列表框下方的"其它符号"按钮，打开"符号"对话框，如图 4-12 所示。

图 4-12　"符号"对话框

b．在"符号"选项卡"字体"下拉列表框中选择需要的字体，在"子集"下拉列表框中选择符号的类型，在"符号"列表框中选定所需要插入的符号，再单击"插入"按钮就可以将符号插入到文档的插入点位置。

④ 插入日期和时间

a．将插入点定位到要插入日期和时间的位置。

b．单击"插入"选项卡→"文本"选项组→"日期和时间"按钮，打开"日期和时间"对话框，如图 4-13 所示。

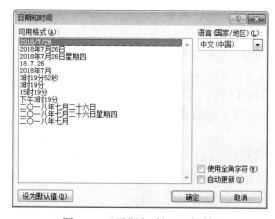

图 4-13　"日期和时间"对话框

c. 在"语言"下拉列表框中选定"中文（中国）"或"英文（美国）"，在"可用格式"列表框中选定所需要的格式，如果选定"自动更新"复选框，则所插入的日期和时间会自动更新，否则会保持插入时的日期和时间。

（2）选择文本

要对文本进行编辑操作，首先要选择文本。选择文本操作主要包括选择单个词组、选择整行文本、选择整段文本、选择任意文本和全选等多种方式，文本被选中后，会以黑底白字显示。

① 选择单个词组　在需要选择的词组中双击鼠标即可选择该词组。

② 选择整行文本　将鼠标移至选择行左侧与纸张边界空白处，当鼠标指针变成 形状时，单击鼠标即可选择整行文本。

③ 选择整段文本

a. 将鼠标移至段落左侧与纸张边界空白处，当鼠标指针变成 形状时，双击鼠标即可选择整段文本。

b. 将鼠标移至段落中的任一位置，快速连续单击鼠标左键 3 次即可选择整段文本。

④ 选择任意长度文本　首先将光标定位至要选择区域的开始位置，然后拖动鼠标至文本区域的结束位置，即可选择该文本区域。

⑤ 全选文本

a. 将鼠标移至文档左侧与纸张边界空白处，当鼠标指针变成 形状时，快速连续单击鼠标左键 3 次即可选择文档全部内容。

b. 使用【Ctrl+A】组合键。

（3）插入与删除文本

① 插入文本　在"插入"方式下，将插入点定位到要插入的位置，输入新的文本就可以了，插入点右侧的文本会自动向后移动；在"改写"方式下，则插入点右侧的文本将会被新输入的文本所替代。用户在输入时，一定注意查看状态栏上相应的信息。

可以通过"Insert"键来切换"插入"和"改写"状态。

② 删除文本　要删除文档中的文本内容，首先定位插入点到要删除的位置，按"BackSpace"键可以删除插入点之前的文本，按"Delete"键可以删除插入点之后的文本。

如果要删除的文本内容较多，可先选择要删除的文本，再按"BackSpace"键或"Delete"键。

（4）复制文本

① 首先选中需要复制的文本，再选择"开始"选项卡→"剪贴板"选项组→"复制"按钮或按【Ctrl+C】组合键。

② 定位插入点到目标位置，选择"开始"选项卡→"剪贴板"选项组→"粘贴"按钮或按【Ctrl+V】组合键。

（5）移动文本

① 首先选中需要移动的文本，再选择"开始"选项卡→"剪贴板"选项组→"剪切"按钮或按【Ctrl+X】组合键。

② 定位插入点到目标位置，选择"开始"选项卡→"剪贴板"选项组→"粘贴"按钮或按【Ctrl+V】组合键。

（6）查找和替换文本

Word 2010 提供了强大的文本查找与替换功能，用户不仅可以方便地查找需要的文本，而且还可以将原文本替换为其它文本。

① 查找文本　单击"开始"选项卡→"编辑"选项组→"查找"按钮，或直接按【Ctrl+F】组合键，将打开左侧导航窗格，在搜索框中输入需要查找的文本，如果在文档中查找到该文本，则会以黄底黑字显示出来。

② 替换文本

a．单击"开始"选项卡→"编辑"选项组→"替换"按钮，或直接按【Ctrl+H】组合键，将打开"查找和替换"对话框。

b．在"查找内容"下拉列表框中输入需要查找的文本，如输入"Microsoft"，在"替换为"下拉列表框中输入替换后的内容，如输入"微软"，如图 4-14 所示。

图 4-14　"查找和替换"对话框

c．单击"替换"按钮后，系统将自动查找并替换插入点后第一个符合要求的文本，如果需要对文档中所有满足条件的文本进行替换，则单击"全部替换"按钮。

（7）撤消与恢复操作

在编辑文档过程中，Word 2010 会自动将所做的操作记录下来，当出现错误时，可单击快速访问工具栏中的"撤消"按钮或按【Ctrl+Z】组合键来撤消错误的操作。而恢复操作和撤消操作相对应，只有进行了撤消操作后，才能进行恢复操作，单击快速访问工具栏中的"恢复"按钮或按【Ctrl+Y】组合键，可将文档恢复到最近一次撤消操作之前的状态，如图 4-15 所示。

图 4-15　撤消和恢复操作

4.2.3　设置字符格式

Word 的字符格式主要是指文档中文本的字体、字号、颜色等参数，用户可以根据需要对文本设置不同的格式，使文档更美观，重点更突出。字符格式可以通过"字体"选项组和"字体"对话框来进行设置。

（1）使用"字体"选项组进行设置

首先选中要设置格式的文本，单击"开始"选项卡，在"字体"选项组中单击相应的按钮或选择相应的选项即可进行相应设置，如图 4-16 所示。

① 字体　可以设置黑体、楷体等字体，不同的字体有不同的外观，Word 默认的中文字体是"宋体"。

② 字号　设置文字的大小，默认为"五号"，其度量单位有"字号"和"磅"两种。

图 4-16 "字体"选项组

最大的字号为"初号"，最小的字号为"八号"；当用"磅"作度量单位时，磅值越大文字越大。

③ 字形 设置加粗、倾斜等文字的特殊外观样式。

④ 下划线 设置文字各种下划线效果。

⑤ 删除线 设置文字中间删除线效果。

⑥ 下标与上标 可将选中的文本设置为下标与上标效果。

⑦ 文本效果 设置文本的各种外观效果，如发光、阴影等。

⑧ 突出显示 将选中的文本设置为突出显示效果。

⑨ 字体颜色 设置文本各种颜色效果。

⑩ 字符底纹 设置文本底纹效果。

⑪ 字符边框 设置文本边框效果。

⑫ 更改大小写 在编辑英文文档时，单击"更改大小写"按钮，在打开的下拉列表中可选择"句首字母大写""全部大写""全部小写"等转换选项。

⑬ 增大、缩小字体 单击相应按钮，可增大、缩小字体。

⑭ 清除格式 可清除所选文本的所有格式效果，恢复到默认的字符格式。

（2）使用"字体"对话框进行设置

首先选定要设置格式的文本，单击"开始"选项卡→"字体"选项组右下角的 按钮或单击右键，在打开的快捷菜单中选择"字体"，打开"字体"对话框，如图 4-17 所示。

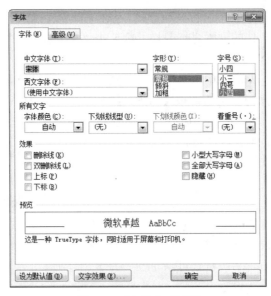

图 4-17 "字体"对话框

① 在"字体"选项卡中，可设置字体、字形、字号、字体颜色、下划线、着重号等，在预览框中可看到设置字体后的效果。

② 在"高级"选项卡中，可以设置字符间距、字符缩放及字符位置等。

③ 确认效果后单击"确定"按钮。

（3）格式复制

在 Word 中可以将设置好的格式复制到另一部分文本上，使其具有相同的格式。如在对长文档进行编辑时，有多处文本需要设置为相同格式，不用对每一处文本分别设置格式，可以先设置好一处文本的格式，然后将格式复制到其它文本。

① 选定已设置好格式的文本。

② 单击"开始"选项卡→"剪贴板"选项组中的"格式刷 ✐ 按钮"，此时鼠标指标变为刷子形。

③ 移动鼠标指针到目标文本开始处，拖动鼠标到结束处，松开鼠标左键即完成格式的复制。

4.2.4　设置段落格式

在 Word 中，每按一次"Enter"键便产生了一个段落标记，段落标记不仅是一个段落结束的标志，同时还包含了该段落的格式信息。Word 的一个段落可能是一段文本、一个空行或一句话，其中可以包含图片、图形、表格等多种对象。

设置段落格式可以使用"段落"对话框或者"段落"选项组，如图 4-18、图 4-19 所示。

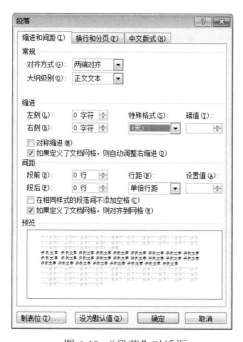

图 4-18　"段落"对话框

图 4-19　"段落"选项组

（1）设置段落对齐方式

Word 段落对齐方式包括左对齐、居中对齐、右对齐、两端对齐和分散对齐等。设置段落对齐的方法主要有以下两种。

① 使用"段落"选项组按钮设置　选择要设置的段落，在"开始"选项卡→"段落"选项组中单击相应的对齐按钮。

② 使用"段落"对话框进行设置　选择要设置的段落，单击"开始"选项卡→"段落"选项组右下角的 ▫ 按钮或单击右键，在打开的快捷菜单中选择"段落"，打开"段落"对话

框，在对话框中的"对齐方式"下拉列表中进行设置。

（2）**设置段落缩进**

缩进是指段落与页面左右边距之间的距离。段落缩进的方式有左缩进、右缩进、首行缩进和悬挂缩进4种，可以使用标尺和"段落"对话框进行设置。

① 使用标尺进行设置　选择要设置的段落，用鼠标拖动标尺上的缩进滑块进行设置，如图4-20所示。

图4-20　标尺缩进滑块

② 使用"段落"对话框进行设置　选择要设置的段落，单击"开始"选项卡→"段落"选项组右下角的 按钮或单击右键，在打开的快捷菜单中选择"段落"，打开"段落"对话框，在对话框中的"缩进"选项区中进行设置。

（3）**设置段间距和行距**

Word中的段间距是指段落之间的距离，包括段前间距和段后间距。行距是指文档中各行之间的距离。段间距和行距可以通过"段落"选项组或者"段落"对话框来进行设置。

① 使用"段落"选项组按钮设置　选定段落，在"开始"选项卡→"段落"选项组中单击"行和段落间距"按钮，在打开下拉列表框中进行设置。

② 使用"段落"对话框进行设置　选定段落，打开"段落"对话框，在"间距"栏设置"段前"和"段后"间距，在"行距"下拉列表框中设置行距。

（4）**设置段落边框和底纹**

Word可以为段落设置边框和底纹，使文档重点突出，格式美观。具体操作方法如下。

① 设置段落边框　选定要设置的段落，在"开始"选项卡→"段落"选项组中单击"边框和底纹"按钮右侧箭头，打开"边框和底纹"对话框，选择"边框"选项卡，在"设置"选项区选择边框类型，然后设置边框线条样式、边框颜色及宽度，最后在"应用于"下拉列表中，选择"段落"，单击"确定"按钮，如图4-21所示。

图4-21　"边框和底纹"对话框

② 设置段落底纹　选择要设置底纹的段落，打开"边框和底纹"对话框，选择"底纹"选项卡，在"填充"列表区中选择一种填充颜色，然后在"图案"选项区设置样式和颜色，最后在"应用于"下拉列表中，选择"段落"，单击"确定"按钮。

4.2.5　设置项目符号和编号

在文档编辑中，有时需要在段落前添加编号或特定的符号，手工输入不仅效率低下，而且容易出错。Word 可以自动在段落前添加符号或编号。

（1）添加项目符号

选择需要添加项目符号的段落，在"开始"选项卡→"段落"选项组中单击"项目符号"按钮右侧的箭头，在打开的下拉列表中选择一种项目符号，即可对段落添加项目符号，如图 4-22 所示。如果用户需要使用另外的项目符号样式，则在下拉列表中选择"定义新项目符号"命令，打开"定义新项目符号"对话框进行设置。

（2）添加编号

选择需要添加编号的段落，在"开始"选项卡→"段落"选项组中单击"编号"按钮右侧的箭头，在打开的编号库中选择一种编号，即可对段落添加编号，如图 4-23 所示。如果在"编号库"下拉列表中没有合适的编号，可以选择"定义新编号格式"命令，打开"定义新编号格式"对话框进行设置。

图 4-22　"项目符号库"下拉列表　　　　图 4-23　"编号库"下拉列表

4.2.6　设置首字下沉

首字下沉是指段落的第一个字符采用突出的格式显示，可使文档中的文字更加醒目，重点更突出。设置首字下沉的方法如下。

（1）将插入点定位到要设置首字下沉的段落，单击"插入"选项卡→"文本"选项组中"首字下沉"按钮，打开"首字下沉"对话框，如图 4-24 所示。

（2）在对话框中设置位置、字体、下沉行数以及和正文的距离等内容，最后单击"确定"按钮。

4.2.7 版面设置

文档的版面设置包括页边距、纸张大小、纸张方向，以及分栏、水印等。

（1）设置页边距、纸张大小和纸张方向

页边距是指文档内容与纸张边缘之间的距离。默认的 Word 纸张大小为 A4（21 厘米×29.7 厘米），纸张方向为"纵向"。用户可以根据需要进行调整，具体操作方法如下。

① 单击 "页面布局"选项卡→"页面设置"选项组右下角的 ▣ 按钮，打开"页面设置"对话框，如图 4-25 所示。

② 在"页边距"选项卡中设置上、下、左、右页边距及纸张方向；在"纸张"选项卡中设置纸张大小，最后单击"确定"按钮。

图 4-24 "首字下沉"对话框

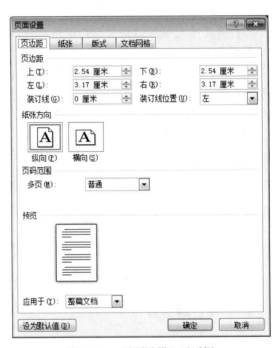

图 4-25 "页面设置"对话框

（2）分栏设置

分栏设置可将一个页面设置为几个小的版面，增强文档的可读性，在报刊中经常使用。分栏的操作方法如下。

① 选择要分栏排版的文本，单击"页面布局"选项卡→"页面设置"选项组中的分栏按钮，在打开的下拉列表中选择分栏数即可。

② 如果要自定义分栏数和栏宽，则在"分栏"下拉列表中选择"更多分栏"命令，打开"分栏"对话框，如图 4-26 所示，可设置分栏数、栏宽及分隔线等，最后单击"确定"按钮。

（3）插入分页符

Word 具有自动分页的功能，当文字或其它内容超过一页时，Word 会自动分页。如果用户需要手工分页，可采用以下的方法。

定位插入点到需要分页的位置，单击"页面布局"选项卡→"页面设置"选项组中的"分隔符"按钮，在打开的下拉列表中选择"分页符"命令；或使用键盘组合键【Ctrl+Enter】。

（4）添加水印

Word 提供了文档"水印"功能，"水印"也是页面背景的形式之一。为文档添加"水印"的操作方法如下。

单击"页面布局"选项卡→"页面背景"选项组中的"水印"按钮，在打开的下拉列表中选择一种水印效果即可。如果下拉列表中的水印不能满足用户的需要，则可以单击下拉列表中的"自定义水印"命令，打开"水印"对话框。在"水印"对话框中，可选择图片或文字水印，并设置文字的字体、字号、颜色等属性，如图 4-27 所示。

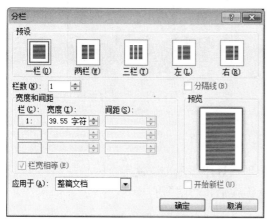

图 4-26　"分栏"对话框

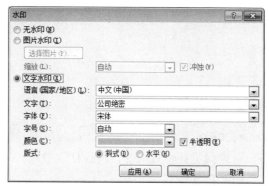

图 4-27　"水印"对话框

4.2.8　页眉和页脚操作

页眉和页脚是文档中用来存放提示信息的区域，如页码、日期、标题等内容。页眉是位于文档顶部的区域，页脚是位于文档底部的区域。

（1）添加页眉和页脚内容

① 单击"插入"选项卡→"页眉和页脚"选项组中的"页眉"按钮，在打开的下拉列表中选择一种页眉样式，这时将激活页眉的编辑状态，在页眉中可以输入需要的文字或插入图片，如图 4-28 所示。

图 4-28　添加文档页眉

② 如果需要输入页脚内容，可将插入点定位到页脚位置或单击"页眉和页脚工具"→"设计"选项卡→"导航"选项组中的"转至页脚"按钮，进入页脚编辑状态，输入页脚内容。

（2）添加页码

对于一个长文档而言，页码是必不可少的。Word 提供了单独的"插入页码"功能，用户可以方便地在页眉和页脚中插入页码。具体操作方法如下。

① 单击"插入"选项卡→"页眉和页脚"选项组中的"页码"按钮，在打开的下拉菜

单中选择所需的页码位置，如图 4-29 所示。

　　② 如果要更改页码的格式，则在"页码"下拉菜单中选择"设置页码格式"命令，打开"页码格式"对话框，可设置页码格式、起始页码等属性，如图 4-30 所示。

图 4-29 "页码"下拉菜单　　　　　　图 4-30 "页码格式"对对话框

4.2.9 文档打印

　　对文档完成编辑、排版后，经常需要以纸质形式打印出来，以便于查阅和存档。在打印前，可先预览打印效果，并设置打印参数，确认无误后，再进行打印。

（1）打印预览

　　选择"文件"→"打印"命令，出现打印预览及打印设置页面。左侧为菜单栏，中间为打印参数选项，右侧为预览窗格，如图 4-31 所示。

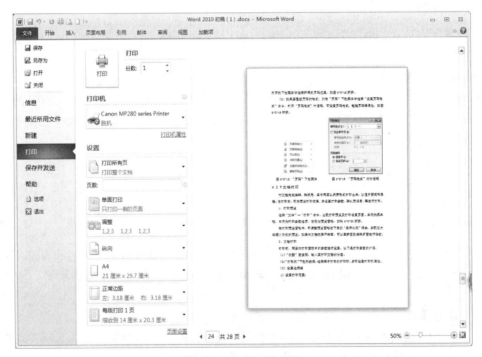

图 4-31　打印预览文档

在打印预览窗格中，可调整预览窗格右下角的"显示比例"滑块，实现放大或缩小方式的预览。如果对文档效果不满意，可以重新回到编辑界面进行修改。

（2）文档打印

打印前，需要对打印面板中的参数进行设置。以下是打印参数的介绍。

① "份数"数值框：输入要打印文档的份数。

② "打印机"下拉列表框：选择用于打印的打印机，并可设置打印机属性。

③ 设置选项组

a. 设置打印范围：打印所有页；打印所选内容；打印当前页。

b. 页数：可输入打印的页码范围。例如输入"3，5-8"，表示打印第 3 页及第 5 至第 8 页的所有内容。

c. 设置纸张单面或双面打印。

d. "调整"下拉菜单：用于设置多份文档的打印顺序。

e. 设置打印方向、纸张大小和边距。

f. 每版打印的页数。

4.3　Word 2010 的图文混排操作

图文混排是 Word 的特色功能之一，可以在文档中插入图片、剪贴画、艺术字、文本框、自选图形等对象，实现图文并茂的效果。

4.3.1　插入与编辑图片和剪贴画

（1）插入图片

在文档中可以插入计算机中的图片文件，具体操作方法如下。

定位插入点到需要插入图片的位置，单击"插入"选项卡→"插图"选项组中的"图片"按钮，打开如图 4-32 所示的"插入图片"对话框，选择要插入的图片，单击"插入"按钮。

图 4-32　"插入图片"对话框

图 4-33 "剪贴画"任务窗格

（2）插入剪贴画

剪贴画是 Office 自带的一种矢量图片，包括人物、动物和风景等多种类型，可以根据需要将其插入到文档中，具体操作方法如下。

① 定位插入点到需要插入剪贴画的位置，单击"插入"选项卡→"插图"选项组中的"剪贴画"按钮，将在右侧打开"剪贴画"任务窗格，如图 4-33 所示。

② 在"搜索文字"框中输入要插入的剪贴画的关键字，如"计算机"等，单击"搜索"按钮。如果不输入关键字，直接单击"搜索"按钮，在列表框中将出现本机上所有的剪贴画。

③ 单击所需要插入的剪贴画，即可将其插入到文档当中。

（3）图片的编辑操作

在文档中插入图片以后，可以对图片进行编辑操作，包括设置图片大小、颜色、环绕方式等。首先选中图片，可通过"图片工具"→"格式"选项卡来完成图片的编辑操作，如图 4-34 所示。

图 4-34 图片"格式"选项卡

①"调整"选项组

a."删除背景"按钮：可以删除图片背景，并设置删除区域的大小。

b."更正"按钮：可调整图片的亮度和对比度、锐化和柔化效果。

c."颜色"按钮：可调整图片的饱和度、色调和重新着色效果。

d."艺术效果"按钮：可设置图片的各种艺术效果，如虚化、混凝土等。

e."压缩图片"按钮：可以打开对话框，设置"压缩图片"的具体内容。

f."更改图片"按钮：将打开"插入图片"对话框，重新选择插入的图片。

g."重设图片"按钮：将图片恢复到设置之前的最初状态。

②"图片样式"选项组　在"图片样式"选项组中，选择列表框中的任意一种样式，即可为选中的图片添加该样式。

a."图片边框"按钮：可为图片添加边框效果，并设置边框的粗细、颜色等。

b."图片效果"按钮：可为图片添加阴影、映像、发光等效果。

c."图片版式"按钮：可把图片转换为 SmartArt 图形，实现图片与文字或其它对象的组合排列。

③"排列"选项组　选中图片后，可以通过"排列"选项组来设置图片与文字的位置关系、图片的对齐、旋转等效果。

a."位置"按钮：设置图片在文档中的位置及文字的环绕方式。例如选择"中间居中，四周型文字环绕"，则图片位于文档正中间位置，文字环绕在图片四周。

b."自动换行"按钮：设置图片和文字间的位置关系，例如选择"浮于文字上方"，则图片位于文字的上方，会遮挡住文字。

c. "上移一层"和下"移一层"按钮：当多图片对象位于同一位置时，设置图片间的叠放顺序。

d. "对齐"按钮：设置多张图片的对齐方式。

e. "组合"按钮：可对多张图片进行组合操作，成为一张图片，也可取消组合操作。

f. "旋转"按钮：可设置图片的旋转效果。

④ "大小"选项组　"大小"选项组可以对图片进行裁剪及设置图片的大小。

a. "裁剪"按钮：单击"裁剪"按钮，通过图片上的控制点可以对图片进行裁剪操作。单击"裁剪"按钮下的箭头，在打开的菜单中还可以设置"裁剪为形状"等操作。

b. "高度"和"宽度"数值框：设置图片的高度与宽度。

如果需要进一步设置，可单击"大小"选项组右下角 按钮，打开"布局"对框，设置图片的缩放比例、文字环绕等，如图 4-35 所示。

图 4-35　"布局"对话框

4.3.2　插入与编辑图形

Word 2010 中提供了多种形状的图形，包括线条、箭头、矩形、椭圆等，用户可以根据需要将各种图形插入到文档中。

（1）插入图形

单击"插入"选项卡→"插图"选项组中的"形状"按钮，在打开的下拉列表中选择所需要的图形，如图 4-36 所示。这时鼠标指针会变成"✚"形状，移动鼠标光标到要插入图形的位置，按住鼠标左键不放并拖动鼠标，即可绘制出各种图形。在拖动鼠标的同时，按住"Shift"键，可绘制等比例图形，如正圆形、正方形等。

（2）编辑图形

选定插入的图形，用户可以通过"绘图工具"→"格式"选项卡来对图形进行编辑，如图 4-37 所示。该选项卡中的"排列"选项组和"大小"选项组的操作方法与前面介绍的图片"格式"选项卡基本类似。下面主要介绍选项组的其它功能。

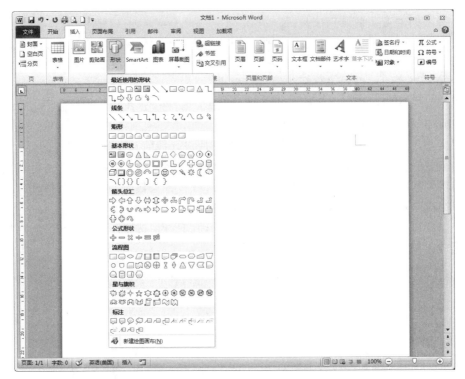

图 4-36 "形状"下拉列表

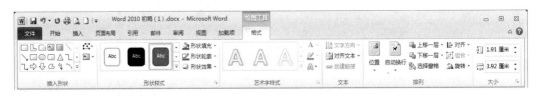

图 4-37 绘图工具"格式"选项卡

①"插入形状"选项组 可以通过单击"插入形状"选项组列表框中的形状按钮，在文档中插入新的图形。

a．"编辑形状"按钮：单击"编辑形状"按钮，在打开的下拉菜单中选择"更改形状"命令，可以更改当前的形状样式；选择"编辑顶点"命令，则拖动图形周围的编辑控制点，可改变其形状。

b．"绘制文本框"按钮：可在文档中绘制横排或竖排文本框。

②"形状样式"选项组 在"形状样式"选项组左侧的列表框中，可以为图形选择一种样式。在该选项组的右侧有 3 个按钮：形状填充、形状轮廓和形状效果。

a．"形状填充"按钮：可以设置图形的颜色、图片、渐变和纹理填充效果。

b．"形状轮廓"按钮：可以设置图形的轮廓颜色、轮廓线条粗细等效果。

c．"形状效果"按钮：可以设置图形的阴影、映像、柔化边缘等效果。

③"文本"选项组 主要用于设置图形中文字的排列方向和对齐方式。

（3）在图形中添加文字

Word 提供了在封闭的图形中添加文字的功能，使用户可以方便地在图形中输入提示信息，具体操作步骤如下。

① 鼠标右键单击要添加文字的图形，在弹出的快捷菜单中选择"添加文字"命令。

② 此时插入点将定位到自选图形中，用户根据需要输入文字即可。在自选图形中输入的文字将与图形一起移动。

4.3.3　插入与编辑文本框

通过使用 Word 提供的文本框对象，用户可以方便地将文本放置于文档页面的任何位置，不受段落、页面设置等因素的影响。在文本框中除了可以添加文字以外，还可以放置图片、图形等对象，用户利用文本框可以实现更为丰富的排版效果。

（1）插入文本框

将插入点定位到需要插入文本框的位置，单击"插入"选项卡→"文本"选项组中的"文本框"按钮，在打开的下拉列表中选择一种文本框样式，如图 4-38 所示，这时文本框将插入到文档中，用户在文本框中直接输入文字即可。

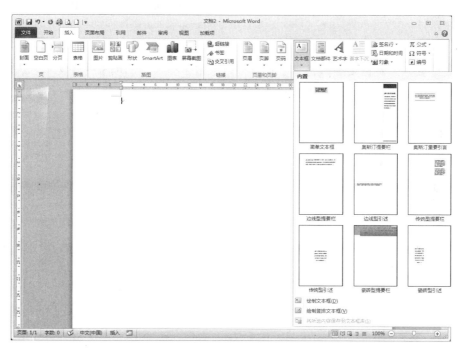

图 4-38　"文本框"下拉列表

（2）绘制文本框

如果 Word 2010 提供的文本框样式不能满足用户的需求，用户可以在文档中绘制文本框，并自定义文本框样式。具体操作方法如下。

单击"插入"选项卡→"文本"选项组中的"文本框"按钮，在打开的下拉列表中选择"绘制文本框"或"绘制竖排文本框"命令，鼠标指针会变成"＋"形状，移动鼠标光标到要插入文本框的位置，按住鼠标左键不放，从左上角到右下角拖动鼠标至合适大小，即可绘制出文本框。

（3）编辑文本框

① 选定文本框以后，用户可以通过"绘图工具"→"格式"选项卡来对文本框进行编

图 4-39 "设置形状格式"对话框

辑，"格式"选项卡中各选项组的操作方法和前面介绍的自选图形操作相类似。

② 用户在选定文本框以后，单击鼠标右键，在弹出的快捷菜单中选择"设置形状格式"命令，将打开"设置形状格式"对话框，如图 4-39 所示，在该对话框中可以对文本框进行各种编辑操作。

4.3.4 插入与编辑艺术字

艺术字是 Word 中一种具有特殊效果的文字，经常用于广告、海报、贺卡等文档。在文档中使用艺术字，可使其呈现不同的艺术效果，让文档格式更美观。

（1）插入艺术字

① 定位插入点到需要插入艺术字的位置，单击"插入"选项卡→"文本"选项组中的"艺术字"按钮，在打开的下拉列表中选择所需要的艺术字样式，如图 4-40 所示。

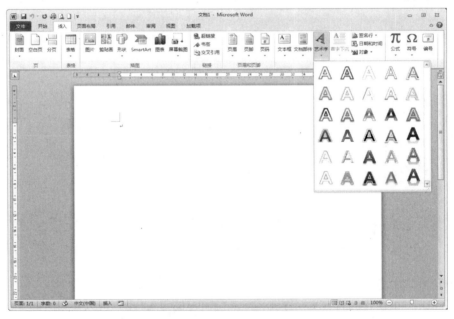

图 4-40 "艺术字"下拉列表框

② 在文档中将出现"请在此放置您的文字"艺术字，用户可输入所需要的文本，并设置字体、字号等。

（2）编辑艺术字

选定艺术字后，"绘图工具"→"格式"选项卡自动被激活，可通过该选项卡上的"艺术字样式""排列""大小"等选项组来对艺术字进行编辑。

① "艺术字样式"选项组　在"艺术字样式"选项组"快速样式"列表框中，可以为艺

术字重新选择一种样式。在该选项组的右侧有 3 个按钮：文本填充、文本轮廓和文本效果。

a. "文本填充"按钮：可以设置艺术字的填充颜色及渐变填充效果。

b. "文本轮廓"按钮：可以设置艺术字的轮廓颜色、轮廓线条粗细等效果。

c. "文本效果"按钮：可以设置艺术字的阴影、映像、发光等效果。

② "文本"选项组　主要用于设置艺术字文本的排列方向和对齐方式。

③ "排列"选项组　可设置艺术字和普通文本的环绕方式、叠放顺序、对齐方式等。

④ "大小"选项组　用于设置艺术字对象的高度与宽度。

4.4　Word 2010 的表格操作

Word 中的表格是由行和列的方式组合而成，表格中小的方格被称为单元格。Word 2010 不仅提供了多种在文档中插入表格的方法，并且还可以对表格进行各种编辑、美化操作。

4.4.1　创建表格

（1）通过"插入表格"菜单创建

① 定位插入点到要插入表格的位置。

② 单击"插入"选项卡→"表格"选项组中的"表格"按钮，打开"插入表格"菜单，如图 4-41 所示。

③ 在菜单的表格框内向右下方移动鼠标，选定表格所需要的行数和列数。最后单击鼠标左键，表格自动插入到当前位置。

图 4-41　"插入表格"菜单

图 4-42　"插入表格"对话框

（2）通过"插入表格"对话框创建

① 定位插入点到要插入表格的位置。

② 单击"插入"选项卡→"表格"选项组中的"表格"按钮，打开"插入表格"菜单，选择"插入表格"命令，打开"插入表格"对话框，如图 4-42 所示。

③ 在对话框中分别设置表格的列数和行数，最后单击"确定"按钮。

（3）绘制表格

Word 2010 提供了"绘制表格"工具，可以创建具有斜线、多样式边框和较为复杂的表格，具体操作方法如下。

① 单击"插入"选项卡→"表格"选项组中的"表格"按钮，打开"插入表格"菜单，选择"绘制表格"命令。

② 鼠标指针变成 形状，在需要插入表格的位置处按住鼠标左键不放并拖动，绘制出一个虚线的表格框，调整至合适大小，释放鼠标即可绘制出表格边框。

③ 在需要的位置处依次绘制出表格的横线、竖线及斜线。完成表格的绘制后，按下键盘上的"Esc"键，或再次单击"插入"选项卡→"表格"→"绘制表格"命令，退出表格绘制状态。

4.4.2 编辑表格

在创建表格后，定位插入点到相应单元格，就可以输入文本。用户也可以根据需要，对表格进行编辑，如行列的插入与删除、合并与拆分单元格、调整表格的行高与列宽等。Word 2010 提供了对表格进行编辑的"表格工具"→"布局"和"设计"选项卡，如图 4-43 和图 4-44 所示。

图 4-43　表格工具"布局"选项卡

图 4-44　表格工具"设计"选项卡

（1）选择表格行、列

对表格进行编辑操作时，一定要先选定，再操作。

① 选择一个单元格：鼠标光标移到单元格左侧，鼠标指针变成 形状时，单击鼠标左键。

② 选择行：鼠标光标移动到表格行左侧，鼠标指针变成 形状时，单击鼠标左键。

③ 选择列：鼠标光标移动到表格列的上边界处，鼠标指针变成 形状时，单击鼠标左键。

④ 选择连续多个单元格：从左上角单元格拖动鼠标至右下角单元格。

⑤ 选择不连续多个单元格：先选中单元格或单元格区域，再按住"Ctrl"键选择其余单元格。

⑥ 选择整个表格：定位插入点到表格任意单元格内，鼠标单击表格左上角 图标。

（2）调整表格行高和列宽

① 拖动鼠标进行调整　将鼠标指针定位到要调整行高或列宽的表格边框线上，当指针变成上、下或左、右双向箭头时，按住鼠标左键拖动表格边框线至合适位置，松开左键即可。

② 使用表格工具"布局"选项卡　选择要进行调整的表格行或列，打开"表格工具"→"布局"选项卡→"单元格大小"选项组，在"表格行高"和"表格列宽"数值框中输入行高和列宽。

（3）在表格中插入行或列

① 使用"布局"选项卡　定位插入点到相应单元格，打开"表格工具"→"布局"选项卡→"行和列"选项组，如图 4-45 所示，单击"在上方插入""在下方插入""在左侧插入""在面侧插入"按钮完成相应操作。

<table>
<tr><td>图 4-45　表格"行和列"选项组</td><td>图 4-46　"删除"下拉菜单</td></tr>
</table>

② 使用快捷菜单　定位插入点到相应单元格，单击鼠标右键，在弹出的快捷菜单中选择"插入"命令，选择相应的菜单命令。

（4）在表格中删除行或列

① 使用"布局"选项卡　定位插入点到相应单元格，打开"表格工具"→"布局"选项卡→"行和列"选项组，单击"删除"按钮，在打开的下拉菜单中选择相应操作，如图 4-46 所示。

② 使用快捷菜单　选中要删除的行或列，单击鼠标右键，在弹出的快捷菜单中选择"删除行"或"删除列"命令。

（5）合并和拆分单元格

在对复杂表格进行编辑时，经常需要把多个单元格合并为一个，或者把一个单元格拆分成多个单元格。

① 合并单元格　选择要合并的多个相邻单元格，打开"表格工具"→"布局"选项卡→"合并"选项组，单击"合并单元格"按钮。

② 拆分单元格　选择要拆分的一个或多个单元格，打开"表格工具"→"布局"选项卡→"合并"选项组，单击"拆分单元格"按钮，打开"拆分单元格"对话框，如图 4-47 所示，输入要拆分成的"列数"与"行数"，单击"确定"按钮。

（6）设置单元格对齐方式及文字方向

① 设置单元格对齐方式　用户可根据需要设置单元格中文本的对齐方式，操作方法如下：先选择要设置对齐方式的单元格或单元格区域，打开"表格工具"→"布局"选项卡→"对齐方式"选项组，再单击相应的对齐方式按钮，如图 4-48 所示。

图 4-47　"拆分单元格"对话框　　　　图 4-48　单元格"对齐方式"选项组

② 设置单元格文字方向　先选定单元格或单元格区域，打开"表格工具"→"布局"选项卡→"对齐方式"选项组，再单击"文字方向"按钮，可切换单元内文本的排列方向。

（7）设置表格边框和底纹

Word 2010 提供了多种方法来设置表格的边框和底纹，使表格样式更美观。

① 设置表格边框

a. 选定要设置边框的单元格区域或整个表格，单击"表格工具"→"设计"选项卡→"绘图边框"选项组右下角的 ▫ 按钮，打开"边框的底纹"对话框，如图 4-49 所示。

图 4-49　"边框和底纹"对话框

b. 在"设置"区域选择边框的显示位置。"无"选项表示单元格区域或整个表格不显示边框；"方框"选项表示单元格区域或整个表格只显示四周的边框；"全部"选项表示单元格区域或整个表格显示所有相同样式的边框；"虚框"选项表示单元格区域或整个表格四周为设置的边框样式，内部为细实线；"自定义"选项表示单元格区域或整个表格的边框线条由用户自定义效果。

c. 在"样式"列表框中设置边框的线条样式；在"颜色"下拉列表框中选择边框的颜色；在"宽度"下拉列表框中选择边框线条的宽度；在"预览"区域，可以单击某个位置的按钮来确定是否显示该边框线条。

d. 最后单击"确定"按钮。

② 设置表格底纹　选定要设置底纹的单元格区域或整个表格，打开"表格和边框"对话框，切换到"底纹"选项卡，设置填充颜色和样式等。

③ 表格套用格式　Word 2010 提供了多种漂亮的表格样式，用户可以直接使用，这就是表格自动套用格式。具体操作方法：先选择表格，打开"表格工具"→"设计"选项卡→"表格样式"选项组，在列表样式中选择需要的样式即可，如图 4-50 所示。

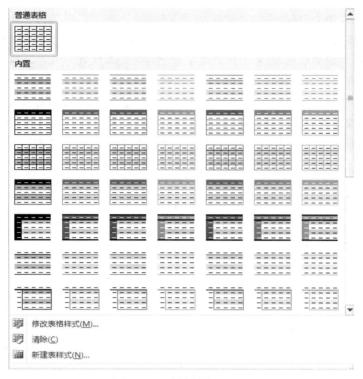

图 4-50　"表格样式"列表

本 章 小 结

本章主要介绍了 Word 2010 的工作界面和基本操作。主要内容包括 Word 2010 的窗口组成，文档的创建和保存，文本编辑，插入特殊符号，字符与段落的格式设置，页面设置，图文混排，表格的制作与编辑等。

习 题

（1）Word 2010 基本编辑操作。

① 录入方框中的文本内容，要求正确输入汉字、英文、标点符号。

长征五号系列运载火箭

　　长征五号/远征二号于 2016 年 11 月 3 日 20 时 43 分在文昌卫星发射中心成功发射升空，成为中国运载能力最大的火箭。

　　长征五号系列运载火箭（Long March 5 Series Launch Vehicle）由中国航天科技集团公司研制，设计采用通用化、系列化、组合化思想。系列由二级半构型的基本型长征五号运载火箭（代号：CZ-5）、不加第二级的一级半构型长征五号乙运载火箭（代号：CZ-5B）以及添加上面级的长征五号/远征二号运载火箭（代号：CZ-5/YZ-2）组成，地球同步转移轨道和近地轨道运载能力将分别达到 13 吨、23 吨。中国未来天宫空间站、北半导航系统的建设，探月三期工程及其它深空探测的实施都将使用该火箭系列。

---

② 设置纸张大小为 B5，左右页边距均为 1.5cm，上下页边距均为 2cm。

选择"页面布局"选项卡→"页面设置"选项组，打开"页面设置"对话框完成相应设置。

③ 标题套用"渐变填充-蓝色，强调文字颜色 1"文本效果，黑体，24 磅，居中对齐，段前段后间隔 1 行。

选中标题，单击"开始"选项卡→"字体"选项组中的"文本效果"按钮，在打开的列表中选择"渐变填充-蓝色，强调文字颜色 1"文本效果，如图 4-51 所示。在"字体"选项组中相应下拉列表设置黑体、24 磅。单击"开始"选项卡→"段落"选项组右下角 按钮，打开"段落"对话框，在"间距"设置区设置段前、段后间距为 1 行，如图 4-52 所示。

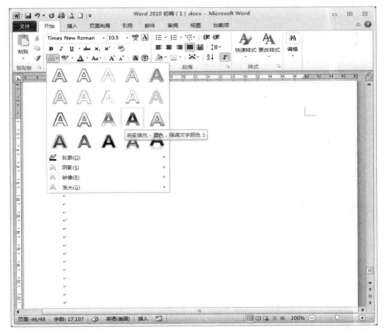

图 4-51 "文本效果"下拉列表

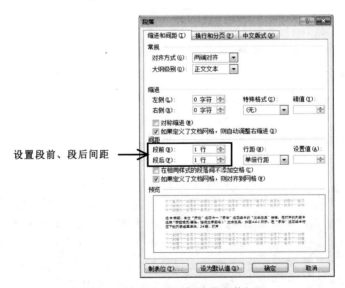

图 4-52 "段落"对话框设置段落间距

④ 将正文内容复制 1 份到文档末尾，每段首行缩进 2 个字符，行间距为固定值 25 磅；正文第一自然段设置为楷体四号、蓝色；第二自然段文字设置为宋体、小四号，添加双细线边框，边框宽度 0.75 磅，边框颜色为橄榄色，强调文字颜色 3；设置橙色，强调文字颜色 6，淡色 80%底纹；第三自然段设置宋体小四号、加粗、缩放 120%、字间距加宽 1.5 磅，添加波浪下划线；第四自然段分为两栏，栏间距为 1.5 字符，加分隔线。

选中正文文本，单击右键，在弹出的快捷菜单中选择"复制"命令，再定位插入点到文档末尾，单击右键，在弹出的快捷菜单中选择"粘贴"命令（也可使用"剪贴板"选项组上的按钮或快捷组合键完成）；再次选中所有正文文本，打开"段落"对话框，设置首行缩进 2 个字符，行间距为固定值 25 磅；选中第一自然段，使用"字体"选项组上相应按钮设置楷体、四号、蓝色效果；选中第二自然段，使用"字体"选项组上相应按钮宋体、小四号效果，再单击"段落"选项组"边框"按钮右侧箭头，在打开的下拉菜单中选择"边框和底纹"命令，打开"边框和底纹"对话框，按要求设置边框和底纹效果；选中第三自然段，打开"字体"对话框完成相应设置；选中第四自然段，单击"页面布局"选项卡→"页面设置"选项组上的"分栏"按钮，在打开的菜单中选择"更多分栏"命令，打开"分栏"对话框，完成相应设置。

⑤ 将正文中所有的"长征五号"格式替换为红色，加粗效果。

将插入点定位到文档正文开始处，单击"开始"选项卡→"编辑"选项组中的"替换"按钮，打开"查找和替换"对话框，如图 4-53 所示，在"查找内容"文本框中输入"长征五号"，在"替换为"文本框中输入"长征五号"，在"搜索选项"中设置"向下"，并选中"替换为"文本，单击"格式"按钮，打开"查找字体"对话框，设置文本加粗、红色效果，完成设置后，单击"全部替换"按钮。

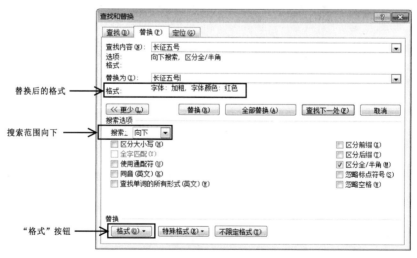

图 4-53　"查找和替换"对话框

⑥ 设置第四自然段首字下沉效果，下沉文字为黑体，下沉 2 行。

定位插入点到第四自然段，单击"插入"选项卡→"文本"选项组中的"首字下沉"按钮，在下拉菜单中选择"首字下沉选项"，打开"首字下沉"对话框，如图 4-54 所示，按要求设置字体为黑体，下沉 2 行。

设置下沉文字字体

设置下沉行数

图 4-54 "首字下沉"对话框

⑦ 将编辑好的文档取名为 JSJ1.docx 存放于学生文件夹。最终效果如图 4-55 所示。

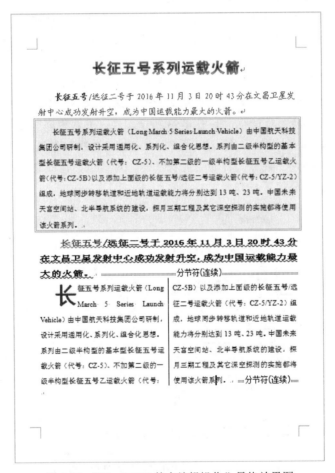

图 4-55 "Word 2010 基本编辑操作"最终效果图

（2）Word 2010 图文混排。

① 录入方框中的文本内容，要求正确输入汉字、英文、标点符号。

虚拟现实技术

虚拟现实技术（VR）是一种多源信息融合的交互式的三维动态视景和实体行为的系统仿真，使用户沉浸到该环境中。

虚拟现实技术的特征：

多感知性：指的是视觉感知、听觉感知、触觉感知、运动感知，甚至还包括味觉、嗅觉、感知等。理想的虚拟实现应该具有一切人所具有的感知功能。

存在感：指用户感到作为主角存在于模拟环境中的真实程度。理想的模拟环境应该达到使用户难辨真假的程度。

交互性：指用户对模拟环境内物体的可操作程度和从环境得到反馈的自然程度。

自主性：指虚拟环境中的物体依据现实世界物理运动定律动作的速度。

② 设置纸张大小为 A4，左右页边距均为 2.5cm，上下页边距均为 2cm。

③ 标题设置为艺术字样式：填充-红色，强调文字颜色 2，暖色粗糙棱台；隶书、小初号；上下型环绕方式；居中对齐；渐变填充效果为"红日西斜"，类型为"射线"，方向为"中心辐射"。

选中标题文字，单击"插入"选项卡→"文本"选项组中的"艺术字"按钮，打开"艺术字样式"列表框，选择所需样式，如图 4-56 所示。

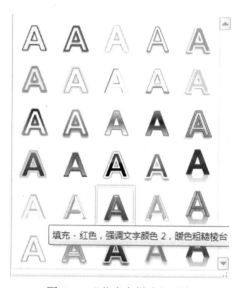

图 4-56 "艺术字样式"列表

输入文字"虚拟现实技术"，通过"字体"选项组上的按钮设置隶书、小初号，选择"绘图工具"→"格式"选项卡→"排列"选项组上的"位置"按钮和"自动换行"按钮设置对齐方式和上下型环绕，如图 4-57 ~ 图 4-58 所示。

选中艺术字，单击"绘图工具"→"格式"选项卡→"艺术字样式"选项组上的"文本填充"按钮，选择"渐变"→"其他渐变"命令，如图 4-59 所示。单击将会打开"设置文本效果格式"对话框，按要求进行设置，如图 4-60 所示。

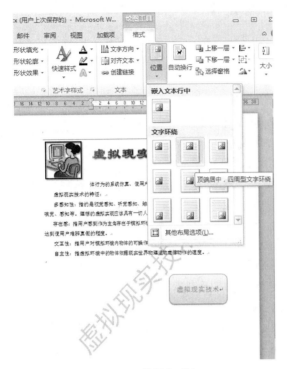

图 4-57 "位置"列表

图 4-58 "自动换行"列表

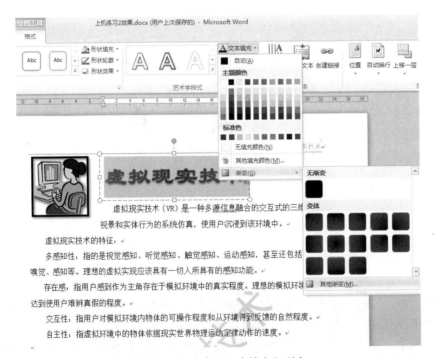

图 4-59 艺术字"文本填充"列表

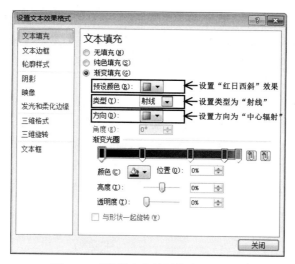

图 4-60 "设置文本效果格式"对话框

④ 在文档中插入"科技"相关的剪贴画，设置剪贴画高度、宽度均为 3cm；样式为"简单框架，黑色"；位置"顶端居左，四周型文字环绕"。

选择"插入"选项卡→"插图"选项组→"剪贴画"按钮，打开"剪贴画"窗格，在"探索文字"栏中输入关键字"科技"，单击"搜索"按钮，如图 4-61 所示。

图 4-61 插入"科技"类型剪贴画

选中剪贴画，通过"图片工具"→"格式"选项卡→"大小"选项组、"图片样式"选项组和"排列"选项组分别设置图片大小、样式及位置。

⑤ 在文档中插入自选图形"圆角矩形"，设置形状宽度为 5cm，高度为 2.5cm；形状样式为"细微效果-水绿色，强调文字颜色 5"；在形状中添加文字"虚拟现实技术"，设置文字为黑体、三号，文字颜色为"水绿色，强调文字颜色 5"；设置形状为位置为"中间居右，四周型文字环绕"。

单击"插入"选项卡→"插图"选项组→"形状"按钮，打开"形状"下拉列表，从中选择"圆角矩形"形状，如图 4-62 所示。在文档合适位置拖动鼠标，绘制出形状，在"绘图工具"→"格式"选项卡→"形状样式"选项组中选择所需要的样式，如图 4-63 所示。在"大小"选项组和"排列"选项组设置形状的大小和位置，最后，单击右键，在弹出的菜单中选择"添加文字"命令，输入所需要的文字，并设置文字效果。

图 4-62 插入"圆角矩形"形状

⑥ 在文档添加"虚拟现实技术"的文字水印，样式为黑体、红色、66 磅、斜式。

选择"页面页局"选项卡→"页面背景"选项组中的水印按钮，在打开的下拉菜单中选择"自定义水印"命令，打开"水印"对话框，按要求设置水印文字、字体、字号、颜色、版式，如图 4-64 所示。

⑦ 将"虚拟现实技术"文字设置为页眉，楷体五号，蓝色，右对齐，页眉样式为空白；在页脚底端插入页码，起始页为"5"，宋体，五号，左对齐。

页眉设置：选择"插入"选项卡→"页眉和页脚"选项组中的"页眉"按钮，在打开的菜单中选择"空白"样式，进入页眉编辑状态，输入文字，并设置格式；

页脚设置：选择"插入"选项卡→"页眉和页脚"选项组中的"页码"按钮，在打开的菜单中选择"页面底端"→"普通数字 1"样式，进入页脚编辑状态，选择"页眉和页脚"

工具→"设计"选项卡→"页眉和页脚"选项组中的"页码"按钮，在打开的菜单中选择"设置页码格式"命令，将打开"页码格式"对话框，如图 4-65 所示，按要求进行设置起始页码为 5。

图 4-63　设置圆角矩形样式

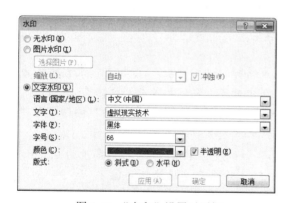

图 4-64　"水印"设置对话框

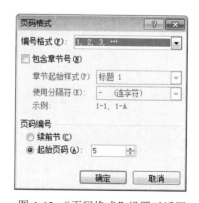

图 4-65　"页码格式"设置对话框

⑧ 将编辑好的文档取名为 JSJ2.docx 存放于学生文件夹。最终效果如图 4-66 所示。

（3）Word 2010 表格操作。

① 创建学生成绩表。

a. 创建如图 4-67 所示"成绩表"，输入表格中的数据，表格标题为楷体、三号、蓝色，居中对齐。

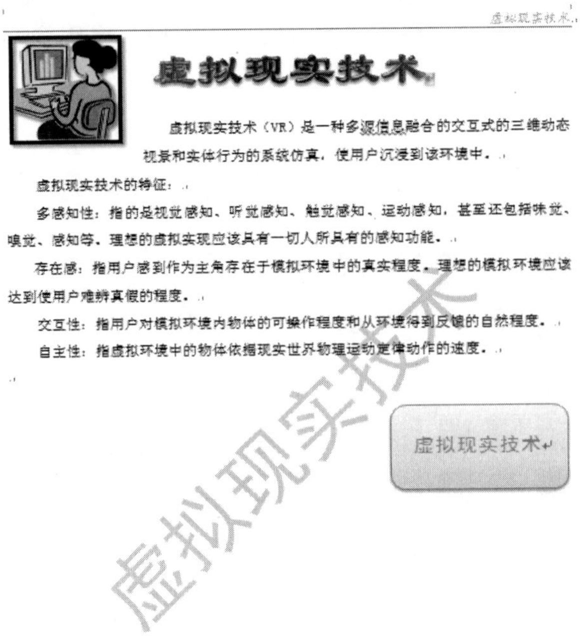

虚拟现实技术

虚拟现实技术（VR）是一种多源信息融合的交互式的三维动态视景和实体行为的系统仿真，使用户沉浸到该环境中。

虚拟现实技术的特征：

多感知性：指的是视觉感知、听觉感知、触觉感知、运动感知，甚至还包括味觉、嗅觉、感知等。理想的虚拟实现应该具有一切人所具有的感知功能。

存在感：指用户感到作为主角存在于模拟环境中的真实程度。理想的模拟环境应该达到使用户难辨真假的程度。

交互性：指用户对模拟环境内物体的可操作程度和从环境得到反馈的自然程度。

自主性：指虚拟环境中的物体依据现实世界物理运动定律动作的速度。

虚拟现实技术

图 4-66 "Word 2010 图文混排"最终效果图

成绩表

学号	姓名	语文	数学	计算机
20180001	李春林	90	85	92
20180002	甘信伟	86	90	84
20180003	李春丽	95	90	92
20180004	刘栋梁	90	85	88
20180005	张大明	75	80	82

图 4-67 "成绩表"最终效果

5x6 表格

插入表格(I)...
绘制表格(D)
文本转换成表格(V)...
Excel 电子表格(X)
快速表格(T)

图 4-68 插入"表格"菜单

首先输入表格标题"成绩表"，并按要求设置格式为楷体、三号、蓝色，居中对齐；定位插入点到文档第二行行首，选择"插入"选项卡→"表格"选项组→"表格"按钮，在"表格"列表中用鼠标选择 5 行 6 列，如图 4-68 所示。

b. 表格第 1 行高度为 1cm，其余各行高度为 0.8cm；第 1、2 列宽度为 3cm，其余各列宽度为 2.5cm。

选中表格第 1 行，在"表格工具"→"布局"选项卡→"单元格大小"选项组上的"表格行高"数值框中输入"1 厘米"；使用相同方法设置其余行高及列宽。

c. 表格自动套用格式：浅色网格-强调文字颜色 5。

选中表格，打开"表格工具"→"设计"选项卡→"表格样式"选项组，在样式列表中选择"浅色网格-强调文字颜色 5"，如图 4-69 所示。

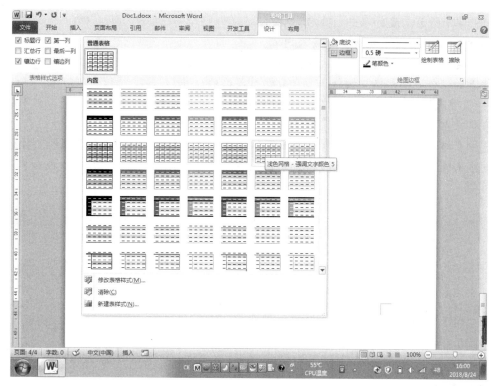

图 4-69　"表格样式"列表

d. 设置表格内文字为宋体、小四号，水平居中对齐，整个表格在页面居中。

选中表格，在"开始"选项卡→"字体"选项组中设置宋体、小四号；在"表格工具"→"布局"选项卡→"对齐方式"选项组中选择"水平居中"；在"开始"选项卡→"段落"选项组单击"居中"按钮。

② 创建课程表。

a. 创建如图 4-70 所示"课程表"，表格标题为黑体、三号，深红色，居中对齐。

课程表

时间\星期		星期一		星期二		星期三		星期四		星期五	
		科目	教师	科目	教师	科目	教师	科目	教师	科目	教师
上午	1、2										
	3、4										
午　休											
下午	5、6										
	7、8										
晚上	9、10										

图 4-70　"课程表"最终效果

首先输入表格标题"课程表"，并按要求设置格式为黑体、三号，深红色，居中对齐；定位插入点到课程表下面一行行首，单击"插入"选项卡→"表格"选项组→"表格"按钮，在打开的菜单中选择"插入表格"命令，打开"插入表格"对话框，输入表格列数 12，行数

8，如图 4-71 所示，最后单击"确定"按钮。

b. 根据需要合并单元格，并输入内容。

选中要合并的两个或多个单元格区域，单击"表格工具"→"布局"选项卡→"合并"选项组上的"合并单元格"按钮，完成表格单元格的合并。

c. 设置表格宽度为 17cm，各行高度为 0.8cm，表格内文字为宋体、五号，水平居中对齐；表格在在页面居中。

选中表格，单击"表格工具"→"布局"选项卡→"表"选项组上的"属性"按钮，打开"表格属性"对话框，设置表格宽度为 17cm，行高 0.8cm，如图 4-72 所示，最后单击"确定"按钮。

图 4-71 "插入表格"对话框　　　　　　图 4-72 "表格属性"对话框

在"开始"选项卡→"字体"选项组中设置宋体、五号；在"表格工具"→"布局"选项卡→"对齐方式"选项组中选择"水平居中"；在"开始"选项卡→"段落"选项组单击"居中"按钮。

d. 设置表格外框线样式为实线，宽度 3 磅，深红色，内部框线为实线，0.75 磅，蓝色；设置表格第 1、2 行底纹为橙色，强调文字颜色 6，淡色 80%。

选中表格，单击"表格工具"→"设计"选项卡→"表格样式"选项组 "边框"按钮旁边的向下箭头，在打开的菜单中选择"边框和底纹"命令，打开"边框和底纹"对话框，按要求进行设置，如图 4-73～图 4-74 所示。

选中表格第 1、2 行，再次打开"边框和底纹"对话框，选择"底纹"选项卡，按要求设置底纹颜色，如图 4-75 所示。

e. 绘制表格表头斜线效果。

打开"表格工具"→"设计"选项卡→"绘图边框"选项组，设置边框线样式为实线，宽度为 0.75 磅，颜色为蓝色，如图 4-76 所示，单击"绘制表格"按钮，这时鼠标光标变成铅笔形状，在表头处绘制表头斜线，完成后，再次单击"绘制表格"按钮，光标恢复成"I"形编辑状态。

f. 表格其余设置参见样表，将编辑好的文档取名为 JSJ3.docx 存放于学生文件夹。

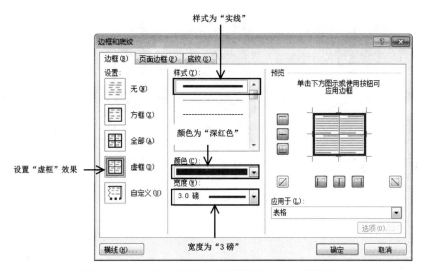

图 4-73 "表格和边框"对话框设置外部边框线条

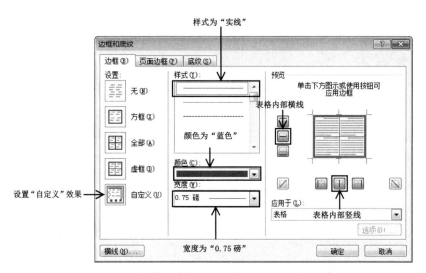

图 4-74 "表格和边框"对话框设置内部边框线条

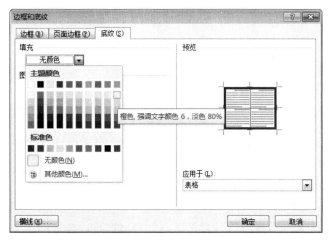

图 4-75 "表格和边框"对话框设置底纹

图 4-76 "绘图边框"选项组

第 5 章 Excel 2010 的使用

学习目的与要求

> ➢ 掌握 Excel 2010 电子表格的基本概念
> ➢ 掌握 Excel 2010 的基本操作，数据的输入和编辑、工作表和工作簿的使用以及表格格式化的使用方法
> ➢ 掌握 Excel 2010 公式、函数和图表的使用方法
> ➢ 掌握 Excel 2010 排序、筛选和分类汇总等数据操作方法
> ➢ 掌握 Excel 2010 工作表的页面设置、打印及数据保护的方法

5.1 Excel 2010 概述

Excel 2010 是微软公司开发的 Office 2010 办公集成软件中的组件之一，主要用于电子表格数据的处理。其功能强大，使用方便，囊括了数据的录入、编辑、排版、计算、图表显示、筛选、汇总等多项功能。通过它对各种复杂数据进行处理、统计、分析变得简单化，还能用图表的形式形象地把数据表示出来。随着计算机应用的普及，Excel 2010 已经广泛应用于办公、财务、金融、审计等众多领域。在大数据时代，学会使用 Excel 2010 处理和分析数据已是每一个人进入职场的必备技能。

5.1.1 Excel 2010 的基本功能

① 表格的制作　Excel 2010 可以快速地建立和导入数据，并能对数据方便灵活地处理，以及能对表格进行丰富的格式化设置。

② 数据的计算　Excel 2010 拥有非常强大的数据计算功能，提供了简单易学的公式操作方法和丰富的函数来完成各种计算。

③ 图表的显示　Excel 2010 可以快捷地建立图表，并对图表进行精美地修饰，使其更直观地表示表格中的数据，增加数据的可读性。

④ 数据的处理　Excel 2010 具有强大的数据库管理功能，可以对数据进行排序、筛选和分类汇总等各项操作。

5.1.2　Excel 2010 的基本概念

（1）Excel 2010 的启动

下列方法之一可以启动 Excel 2010。

① 单击"开始"→"所有程序"→"Microsoft Office" →"Microsoft Excel 2010"，即可启动 Excel 2010。

② 双击桌面上 Excel 2010 的快捷图标。

（2）Excel 2010 的窗口组成

Excel 2010 的窗口如图 5-1 所示。

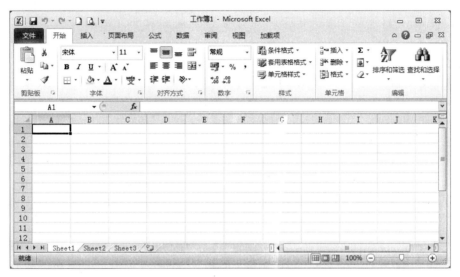

图 5-1　Excel 2010 的窗口

① 选项卡　Excel 2010 包含文件、开始、插入、页面布局、公式、数据、审阅、视图等选项卡，单击选项卡可以打开相应的功能区，每个功能区有多个组，通过组里面的按钮可以实现各种数据操作。

a."开始"选项卡　在此选项卡中包含了剪贴板、字体、对齐方式、数字、样式、单元格、编辑 7 个组，如图 5-2 所示。

图 5-2　"开始"选项卡

b."插入"选项卡　在此选项卡中包含了表格、插图、图表、迷你图、筛选器、链接、文本和符号 8 个组，如图 5-3 所示。

c."页面布局"选项卡　在此选项卡中包含了主题、页面设置、调整为合适大小、工作表选项、排列 5 个组，如图 5-4 所示。

图 5-3 "插入"选项卡

图 5-4 "页面布局"选项卡

d."公式"选项卡　在此选项卡中包含了函数库、定义的名称、公式审核、计算 4 个组，如图 5-5 所示。

图 5-5 "公式"选项卡

e."数据"选项卡　在此选项卡中包含了获取外部数据、连接、排序和筛选、数据工具和分级显示 5 个组，如图 5-6 所示。

图 5-6 "数据"选项卡

f."审阅"选项卡　在此选项卡中包含了校对、中文简繁转换、语言、批注、更改 5 个组，如图 5-7 所示。

图 5-7 "审阅"选项卡

g. "视图"选项卡　在此选项卡中包含了工作簿视图、显示、显示比例、窗口、宏 5 个组，如图 5-8 所示。

图 5-8　"视图"选项卡

② 名称框与编辑栏　名称框与编辑栏位于选项卡下方。名称框，用来显示当前单元格或单元格区域名称；编辑栏，用于编辑或显示当前单元格的值或公式，如图 5-9 所示。

图 5-9　名称框与编辑栏

（3）工作簿、工作表和单元格

① 工作簿　工作簿就是一个 Excel 文件，其默认扩展名为.xlsx。

② 工作表　一个工作簿默认有三张工作表，分别命名为 Sheet1、Sheet2、Sheet3，如图 5-10 所示。

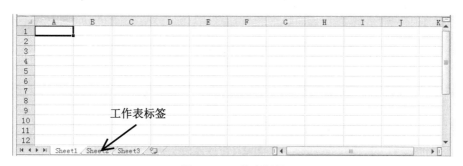

图 5-10　工作表标签

右击工作表标签可以对工作表进行插入、删除、重命名等操作，如图 5-11 所示。

③ 单元格　在工作表中行列交汇处的区域称为单元格，每一个单元格都有一个地址，地址由"列标"和"行号"组成，列标由字母表示，行号由数字表示，列在前，行在后，例如：第 2 列、第 3 行的单元格地址是 B3。

Excel 2010 的工作表共有 16384 列，列标由左至右从 A-XFD 的字母编号，行号由上至下从 1-1048576 的数字编号。

（4）退出 Excel 2010

用下列方法之一可以退出 Excel 2010 应用程序。

① 单击"文件"选项卡，选择"退出"。

② 单击窗口右上角"关闭"按钮 $\boxtimes$ 。

③ 双击窗口左上角 $\boxtimes$ 按钮。

④ 使用【Alt+F4】组合键。

5.2　Excel 2010 基本操作

图 5-11　右击工作表标签

5.2.1　建立和保存工作簿

（1）建立工作簿

选择以下方法之一可以建立新的空白工作簿。

① 单击"文件"选项卡，选择"新建"命令，双击"空白工作簿"按钮。

② 使用【Ctrl+N】组合键。

（2）保存工作簿

① 保存新工作簿，单击"文件"选项卡的"保存"或者"另存为"命令，打开如图 5-12 所示对话框，选择存储路径，设置文件名、文件类型，单击保存。

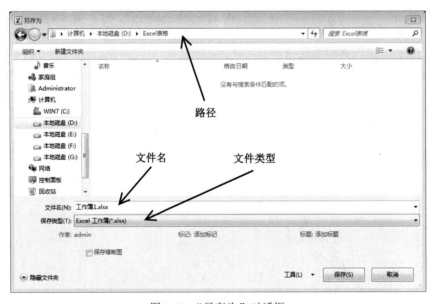

图 5-12　"另存为"对话框

② 保存旧工作簿，单击"文件"选项卡的"保存"命令，或者单击"另存为"命令，重新选择存储路径和设置新的文件名及文件类型。

5.2.2　输入和编辑工作表数据

在工作表中输入和编辑数据前必须先选定某个单元格将其激活，输入数据是一项基本操作，主要包括文本输入、数值输入、日期和时间输入、逻辑值输入、数据有效性等。

（1）输入数据

① 文本输入　文本包括汉字、字母、数字、空格及键盘上所有可以输入的符号。首先选中需要输入文本的单元格，然后输入文本，最后按"Enter"键即可。

在默认情况下，文本数据在单元格内靠左对齐进行显示。如果输入的文本数据超过了单元格宽度，若右侧单元格无内容，则会扩展显示到右侧单元格上；若右侧单元格有内容，则当前单元格数据会被截断显示，想要看单元格中的全部内容，可以单击该单元格，此时数据会完整的显示在编辑栏中，如图 5-13 所示。

图 5-13　文本数据的显示

如果要在同一单元格显示多行数据可以单击"开始"选项卡→"对齐方式"组→"自动换行"按钮，如图 5-14 所示，或者在输入数据的过程中使用【Alt+Enter】组合键。

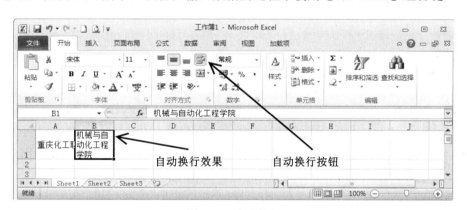

图 5-14　自动换行

如果需要输入如身份证号码、电话号码、职工号等文本型数字，必须在输入前添加英文状态下的单引号"'"，完成输入后该单元格的左上角会显示一个绿色的三角形，如图 5-15 所示。

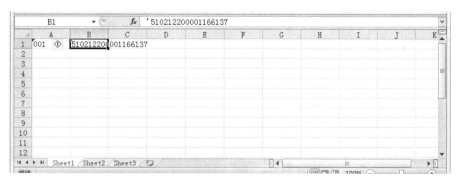

图 5-15　文本型数字的输入

② 数值输入　数值一般由数字、+、−、小数点、$、%等组成，选中需要输入数据的单元格，然后输入数值，最后按"Enter"键即可。

在默认情况下，数值数据在单元格内靠右对齐进行显示。如果输入的数值数据超过了单元格宽度，数据会以科学计数法进行显示，如图 5-16 所示。

图 5-16　科学计数法显示

如果数值数据显示为"####"，如图 5-17 所示，说明该单元格的宽度不够，可以调整单元格宽度用于显示完整的数据。

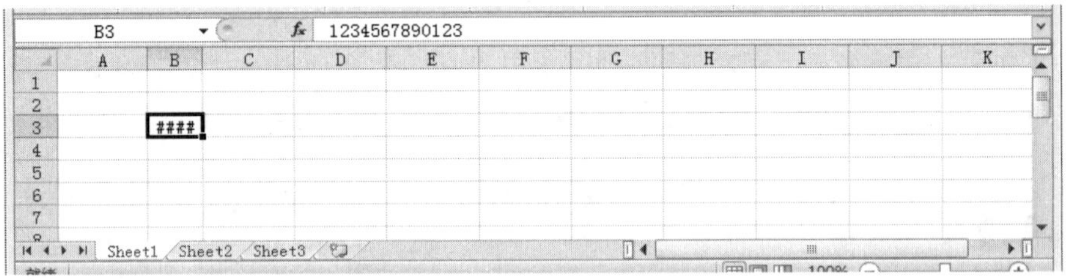

图 5-17　数值显示为"####"

如果要显示分数，必须在该单元格前输入零和空格，再输入分数，如"0 3/5"，就可以显示为分数形式"3/5"，如图 5-18 所示，而在编辑栏中显示实际值的大小。

图 5-18　分数的输入

③ 日期和时间输入　输入日期，年月日之间的间隔用"-"或"/"进行分隔，格式为"年-月-日"或"年/月/日"，如图 5-19 所示，使用【Ctrl+;】组合键可以得到当前系统日期。

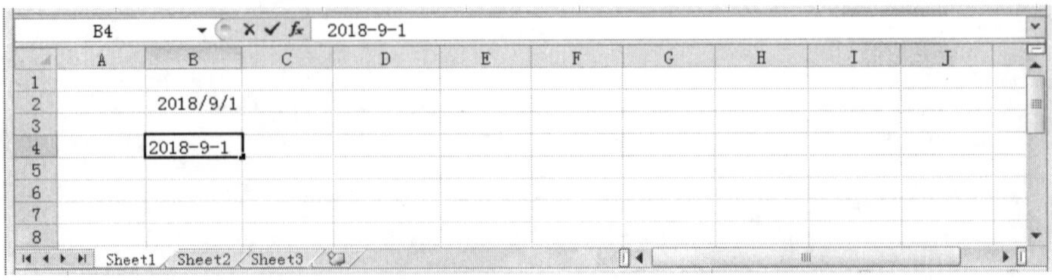

图 5-19　日期的输入

　　输入时间，时和分之间的间隔用"："进行分隔，格式为"时:分"，如图 5-20 所示，使用【Ctrl+Shift+；】组合键可以得到当前系统时间。

图 5-20　时间的输入

　　日期和时间的在单元格中默认的对齐方式是右对齐。

　　④ 逻辑值输入　逻辑数据有"TRUE"（真）和"FALSE"（假）两个，可以直接在单元格中输入"TRUE"或"FALSE"，也可以通过公式计算的方式得到逻辑值，如图 5-21 所示，在单元格中输入公式"=10>2"，结果显示为"TRUE"。

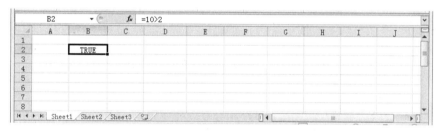

图 5-21　逻辑值的输入

　　⑤ 数据有效性　数据有效性功能可以使单元格的数据在下拉列表中进行选择。

　　【例 1】制作档案表，录入性别列，选择 B2:B10，单击"数据"选项卡→"数据工具"组→"数据有效性"命令，如图 5-22 所示，打开图 5-23，在"允许"里选择"序列"，在"来源"里输入"男,女"（注：用英文逗号进行分隔），单击"确定"，在 B2:B10 任意一个单元格右侧单击按钮，选择所需数据，如图 5-24 所示。

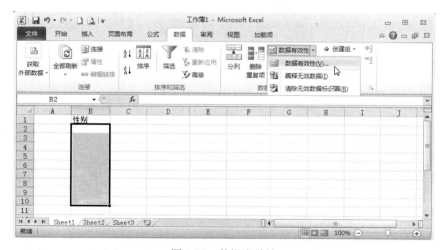

图 5-22　数据有效性

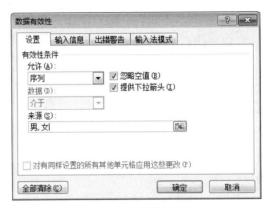

图 5-23　设置数据有效性

图 5-24　选择数据

（2）删除或修改单元格内容

① 删除单元格内容　选择要删除内容的单元格，敲击"Delete"键即可。

② 修改单元格内容　单击或者双击要修改内容的单元格，完成数据修改，敲击"Enter"键即可。

③ 清除单元格内容　单击"开始"选项卡→"编辑"组→"清除"，如图 5-25 所示，可以选择对单元格内容进行"全部清除""清除格式""清除内容"等操作。

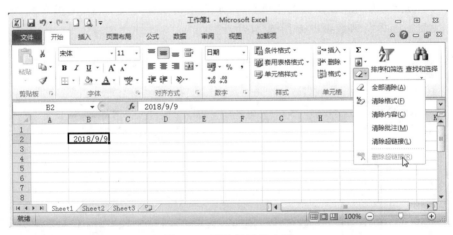

图 5-25　清除单元格内容

（3）复制或移动单元格内容

① 选择需复制或移动的单元格或单元格区域，使用【Ctrl+C】或【Ctrl+X】组合键，单

击目标位置，使用【Ctrl+V】组合键即可完成复制或移动操作。

② 选择需复制或移动的单元格或单元格区域，单击右键，选择"复制"或"剪切"命令，右击目标位置，打开图 5-26，在"选择性粘贴"里选择所需粘贴的内容即可。

（4）填充数据序列

利用填充柄进行填充，选定一个单元格或者单元格区域时，右下角会出现一个独立的黑色矩形方块 ，该方块就是填充柄。将鼠标移至需进行填充数据的单元格右下角，当光标变为黑色实心十字箭头时，如图 5-27 所示，按住鼠标左键拖至填充的最后一个单元格，松开鼠标，单击"自动填充选项"，如图 5-28 所示，选择"复制单元格""填充序列"等命令。

图 5-26　选择性粘贴

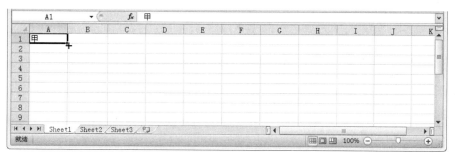

图 5-27　填充数据

填充复杂数据，在第一个单元格中输入序列的开始值，选择单元格区域，如图 5-29 所示，单击"开始"选项卡→"编辑"组→"填充"→"系列"命令，打开图 5-30，选择和设置序列选项，单击"确定"，得到图 5-31 的效果。

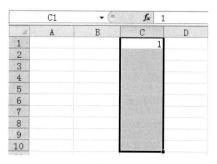

图 5-28　自动填充选项　　　　　图 5-29　填充复杂数据

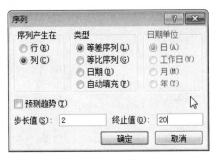

图 5-30　序列

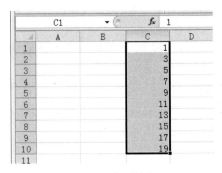

图 5-31　序列填充

自定义序列，单击"文件"选项卡→"选项"命令→"高级"选项→"常规"栏目下单击"编辑自定义列表"，打开图 5-32，单击"添加"命令，在"输入序列"里输入任意序列，单击"确定"。

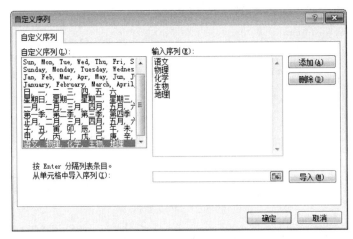

图 5-32　自定义序列

5.2.3　使用工作表和单元格

（1）使用工作表

① 选定工作表　单击工作表左下角的工作表标签，可以在不同工作表之间进行切换。

② 操作工作表　右击工作表左下角的工作表标签，可以对工作表进行插入、删除、重命名、移动或复制等操作。

③ 拆分工作表窗口　工作表窗口拆分后，可以通过不同的窗口浏览工作表的不同部分，如图 5-33 所示。选择任意单元格，单击"视图"选项卡→"窗口"组→"拆分"命令，然后通过鼠标拖动分隔条，调整各窗口的位置和大小。

已经拆分过的窗口，单击"视图"选项卡→"窗口"组→"拆分"命令可以取消拆分。

④ 冻结工作表窗口　工作表窗口冻结后，可以使前几行或前几列始终显示在工作表窗口内。选择 C3 单元格，单击"视图"选项卡→"窗口"组→"冻结窗口"，如图 5-34 所示，选择"冻结拆分窗口"，效果如图 5-35 所示。

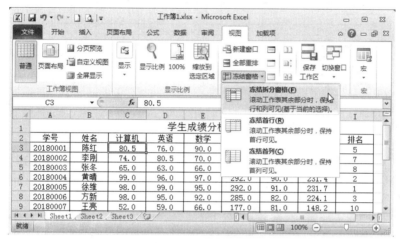

图 5-33 拆分工作表窗口

图 5-34 冻结窗口

图 5-35 冻结窗口效果

（2）使用单元格

① 选定一个单元格　使用鼠标单击所需单元格即可。

② 选定一个单元格区域　使用鼠标单击单元格区域左上角，按住鼠标拖至区域右下角单元格即可。

③ 选定不连续的单元格区域　使用鼠标选定一个单元格或单元格区域，按住"Ctrl"键不放，再选定其它单元格或单元格区域。

④ 插入、删除行列　选定需插入或删除行列的单元格，单击"开始"选项卡→"单元格"组→"插入"或"删除"，如图 5-36 所示。

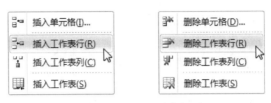

图 5-36　插入、删除行列

⑤ 单元格命名　选定需命名的单元格，在名称框中输入单元格的名字即可，如图 5-37 所示。

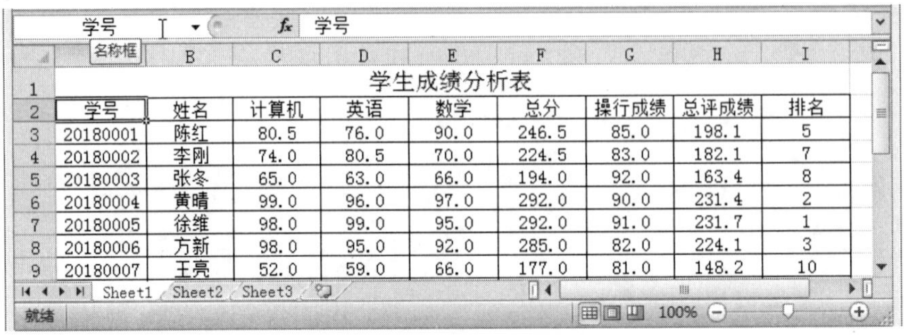

	A	B	C	D	E	F	G	H	I
1	学生成绩分析表								
2	学号	姓名	计算机	英语	数学	总分	操行成绩	总评成绩	排名
3	20180001	陈红	80.5	76.0	90.0	246.5	85.0	198.1	5
4	20180002	李刚	74.0	80.5	70.0	224.5	83.0	182.1	7
5	20180003	张冬	65.0	63.0	66.0	194.0	92.0	163.4	8
6	20180004	黄晴	99.0	96.0	97.0	292.0	90.0	231.4	2
7	20180005	徐维	98.0	99.0	95.0	292.0	91.0	231.7	1
8	20180006	方新	98.0	95.0	92.0	285.0	82.0	224.1	3
9	20180007	王亮	52.0	59.0	66.0	177.0	81.0	148.2	10

图 5-37　单元格命名

⑥ 批注　批注可以为单元格添加注释，单击“审阅”选项卡→“批注”组→“新建批注”，即可编辑批注，如图 5-38 所示，添加完成后该单元格右上角会出现一个三角形标识。

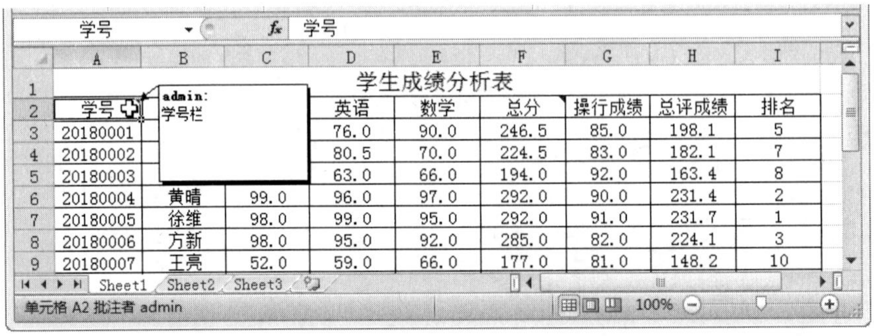

	A	B	C	D	E	F	G	H	I
1				学生成绩分析表					
2	学号			英语	数学	总分	操行成绩	总评成绩	排名
3	20180001			76.0	90.0	246.5	85.0	198.1	5
4	20180002			80.5	70.0	224.5	83.0	182.1	7
5	20180003			63.0	66.0	194.0	92.0	163.4	8
6	20180004	黄晴	99.0	96.0	97.0	292.0	90.0	231.4	2
7	20180005	徐维	98.0	99.0	95.0	292.0	91.0	231.7	1
8	20180006	方新	98.0	95.0	92.0	285.0	82.0	224.1	3
9	20180007	王亮	52.0	59.0	66.0	177.0	81.0	148.2	10

图 5-38　批注

5.3　工作表的格式化

对工作表进行格式化操作，能使数据更加突出的显示，Excel 2010 有很丰富的格式化内容，使用这些格式能更有效地表述工作表数据，制作出美观的表格，满足用户个性化要求。

5.3.1　设置单元格格式

单击“开始”选项卡→“字体”“对齐方式”或“数字”组右下角的按钮都可以打开“设置单元格格式”对话框，其中包含了“数字”“对齐”“字体”“边框”“填充”“保护”共 6 个选项卡。

（1）设置数字格式

选择需要设置数字格式的单元格，打开"设置单元格格式"对话框，选择"数字"选项卡，如图 5-39 所示，可以对数字进行各种设置，包含常规、数值、货币、会计专用、日期、时间等类型。

图 5-39　设置数字格式

（2）设置对齐方式

选择需要设置对齐方式的单元格，打开"设置单元格格式"对话框，选择"对齐"选项卡，如图 5-40 所示，可以对数据进行各种设置，包含水平、垂直方向的对齐方式、自动换行、缩小字体填充、合并单元格等操作。

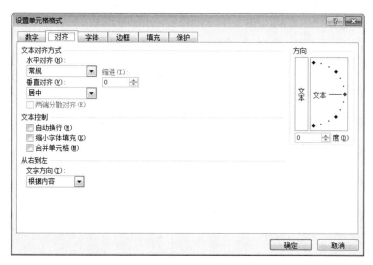

图 5-40　设置对齐方式

（3）设置单元格边框

选择需要设置框线的单元格，打开"设置单元格格式"对话框，选择"边框"选项卡，如图 5-41 所示，可以对表格边框进行各种设置，包含线条的样式、颜色以及边框的位置。

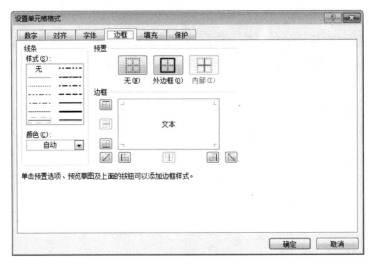

图 5-41　设置单元格边框

（4）设置单元格颜色

选择需要设置颜色的单元格，打开"设置单元格格式"对话框，选择"填充"选项卡，如图 5-42 所示，可以对单元格进行各种颜色的设置。

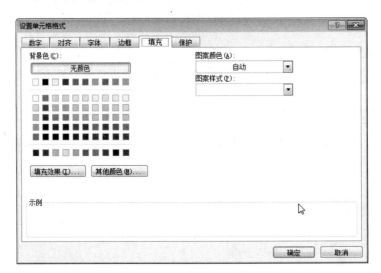

图 5-42　设置单元格颜色

【例 2】现有"商品销售情况表"，如图 5-43 所示，对表格进行格式化操作。

	A	B	C	D	E	F	G	H
1	商品销售情况表							
2	商品编号	销售量	单价（元）	销售额	所占份额（%）			
3	A001	385	200.5	77192.5	0.379197056			
4	A002	215	196.72	42294.8	0.207767123			
5	A003	198	239.5	47421	0.232948843			
6	A004	188	195	36660	0.180086978			
7	总计			203568.3				
8								

图 5-43　商品销售情况表

1. 选定 A1:E7 单元格区域，单击"开始"选项卡→"对齐方式"组→"居中"按钮。选定 A1:E1 单元格区域，打开"设置单元格格式"对话框，选择"对齐"选项卡，"水平对齐"选择"居中"，"文本控制"选择"合并单元格"，单击"确定"按钮；选定 A7:C7，重复以上操作。

2. 选定 A2:E2 单元格区域，打开"设置单元格格式"对话框，选择"填充"选项卡，在"图案颜色"里面选择"深蓝，文字 2，淡色 60%"，在"图案样式"里面选择"12.5%灰色"，单击"确定"按钮。

3. 选定 C3:D6 及 D7 单元格区域，打开"设置单元格格式"对话框，选择"数字"选项卡，在"分类"中选择"货币"，"小数位数"设置为 2，单击"确定"按钮。选定 E3:E6 单元格区域，打开"设置单元格格式"对话框，选择"数字"选项卡，在"分类"中选择"百分比"，"小数位数"为 2，单击"确定"按钮。

4. 选定 A2:E7 单元格区域，打开"设置单元格格式"对话框，选择"边框"选项卡，在"样式"中选择粗实线，在"预置"中选择"外边框"，在"样式"中选择细实线，在"预置"中选择"内部"，单击"确定"按钮。

格式化以后的表格如图 5-44 所示。

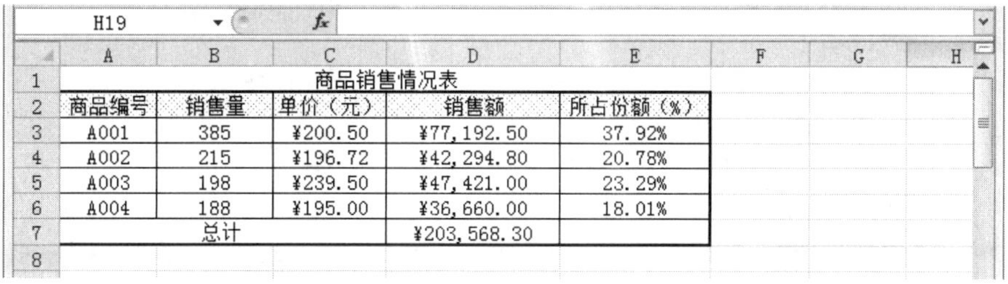

图 5-44　格式化后的"商品销售情况"表

5.3.2　设置列宽和行高

（1）设置列宽

① 将鼠标移至两列列标之间的分割线上，鼠标指针变成水平双向箭头，如图 5-45 所示，按住鼠标左右拖动即可改变列宽。

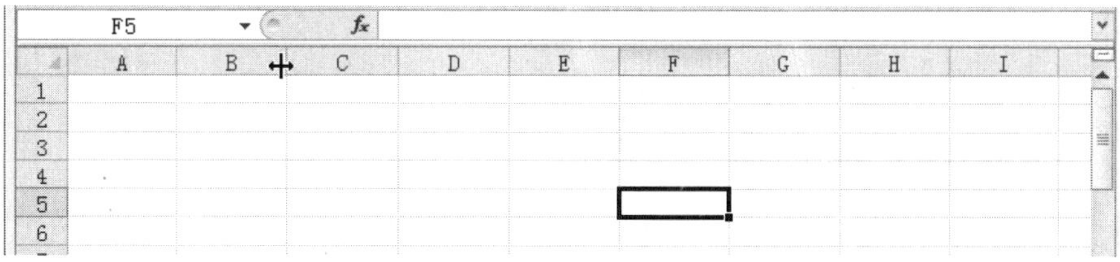

图 5-45　拖动改变列宽

② 选定要改变列宽的任意一个或多个单元格，单击"开始"选项卡→"单元格"组→"格式"，打开图 5-46 所示，单击"列宽"命令，设置列的宽度。

（2）设置行高

① 将鼠标移至两行行号之间的分割线上，鼠标指针变成垂直双向箭头，按住鼠标上下

拖动即可改变行高。

② 选定要改变行高的任意一个或多个单元格，单击"开始"选项卡→"单元格"组→"格式"，单击"行高"命令，设置行的宽度。

5.3.3 设置条件格式

条件格式是当单元格中的数据满足某个条件设定时，系统会自动将其以设定的格式显示出来。单击"开始"选项卡→"样式"组→"条件格式"，如图 5-47 所示，根据需求选择不同的选择项。

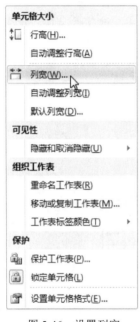

图 5-46 设置列宽

图 5-47 条件格式

【例 3】如图 5-48 所示，选定 A1:D3 单元格区域，设置条件格式，选择"突出显示单元格规则"里的"介于"，打开图 5-49，设置值 70~80 之间，格式为"绿填充色深绿色文本"，单击"确定"按钮，效果如图 5-50 所示。

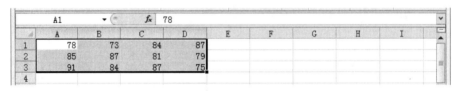

图 5-48 选定设置条件格式的数据

图 5-49 设置条件

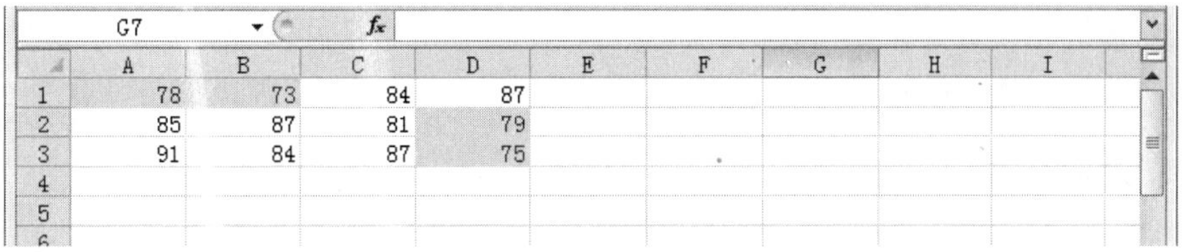

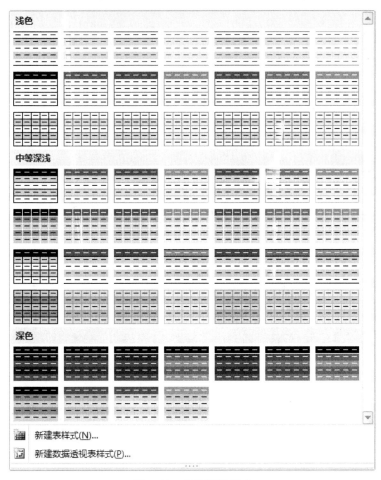

图 5-50　条件格式效果

5.3.4　自动套用格式

自动套用格式可以把系统自带的表格样式快速应用于表格中，选择需格式化的单元格区域，单击"开始"选项卡→"样式"组→"套用表格格式"，打开图 5-51，选择任意一种样式。

图 5-51　自动套用格式

5.4　公式与函数

公式和函数是 Excel 2010 的核心功能，是最基本最重要的应用工具。公式和函数由等号"="开头，标志着计算的开始，可以包含运算符、常量、单元格地址和函数等。使用公式和函数可以高效地完成数据计算和数据分析处理，不但省事而且可以避免手工计算的复杂和出错，数据修改后，计算的结果也会自动地更新。

5.4.1 公式的使用

公式以等号"="开头，可以进行算术、关系等运算，可以使用的运算符如下：+（加）、−（减）、*（乘）、/（除）、%（百分号）、^（乘方）、&（字符连接符）、=（等于）、<>（不等于）、>（大于）、>=（大于等于）、<（小于）、<=（小于等于）。

选定计算结果放置的单元格，首先输入等号，然后输入参与计算的数值、运算符、单元格地址（注：单元格地址可以通过手动输入、单击、拖动等方式获得），确定公式无误后敲击回车，即可得到结果，如："=3+5"（3 加 5）、"=A2/B5"（A2 除以 B5）、"=5^3"（5 的 3 次方）。

【例 4】利用公式计算图 5-52 中的"实际收入"部分，"实际收入=（基本工资+奖金）*（1-扣税）"。

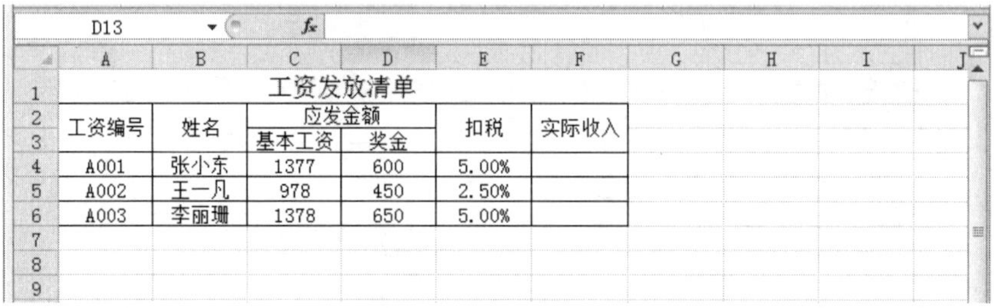

图 5-52　工资发放清单

1. 选定单元格 F4，输入公式"=(C4+D4)*(1-E4)"，如图 5-53 所示，敲击回车得到"张小东"的"实际收入"部分。

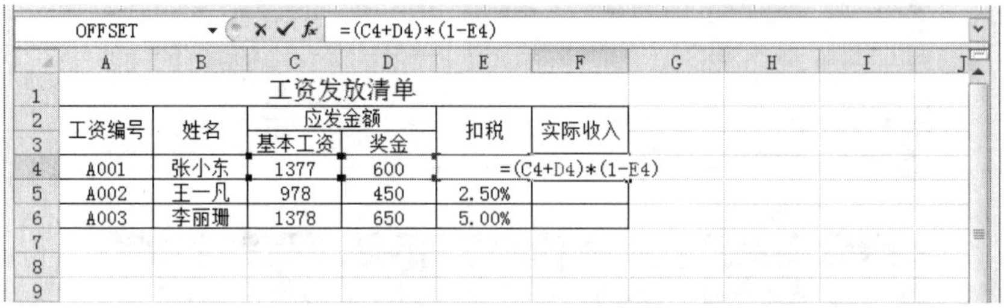

图 5-53　公式计算

2. 选定单元格 F4，将鼠标移至其右下角，当鼠标变成黑色十字箭头，如图 5-54 所示，按住鼠标向下拖动至 F6 单元格，用数据填充的方式完成所有人员实际收入的计算，如图 5-55 所示。

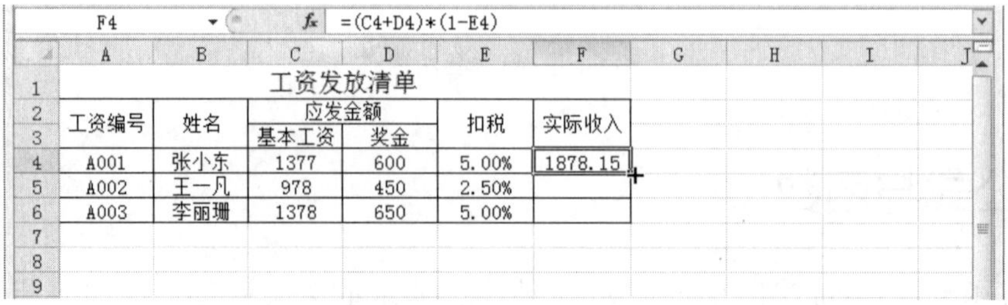

图 5-54　选中填充柄

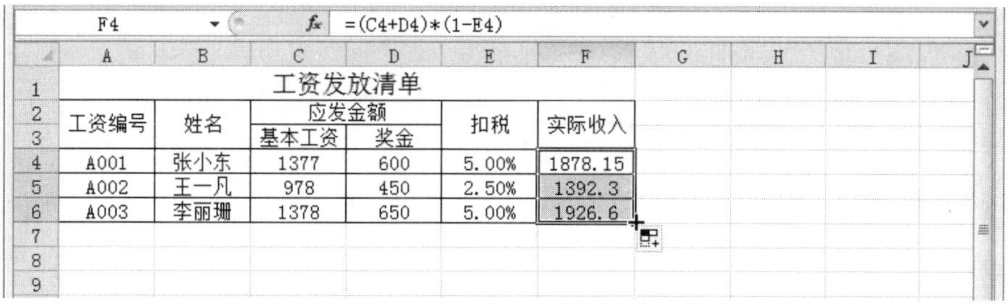

图 5-55　数据填充

5.4.2　函数的使用

Excel 2010 为用户提供了多种类别的函数，如图 5-56 所示，给用户进行数据运算和分析带来了极大的方便。

图 5-56　插入函数

函数包含"财务""日期与时间""数学与三角函数""统计""查找与引用""数据库""文本""逻辑""信息""工程"等多个类别的函数，函数的插入一般有三种方法：直接输入、编辑栏中的插入函数按钮 f_x，在"公式"选项卡的"函数库"组中进行选择。

函数的组成：等号、函数名、参数，如"=SUM（A1:B5）"。

函数以等号"="开头，可以进行多种类别的计算，可以使用的常用函数如下（函数名不区分大小写）：SUM（求和）、AVERAGE（算术平均值）、COUNT（包含数字的单元格的个数）、COUNTA（非空单元格的个数）、COUNTIF（条件计数）、MAX（最大值）、MIN（最小值）、SUMIF（条件求和）、RANK.EQ（相对排名）等。

参数即参加运算的数，参数间使用冒号"："、逗号"，"等进行分隔，冒号代表连续的区域，如"A1:B2"，代表"A1、A2、B1、B2"4 个单元格；逗号代表间断的区域，如"A1,B2"，代表"A1、B2"2 个单元格。

参数可以是常数、单元格地址、单元格区域或函数名等。如在图 5-57 的 D3 单元格中输入函数"=SUM（A1:B2,C5,6,MAX(A1:B2)）"，其含义是："=A1+A2+B1+B2+C5+6+'A1:B2中的最大值'"，其结果为"22"，在编辑栏中显示所使用的函数。

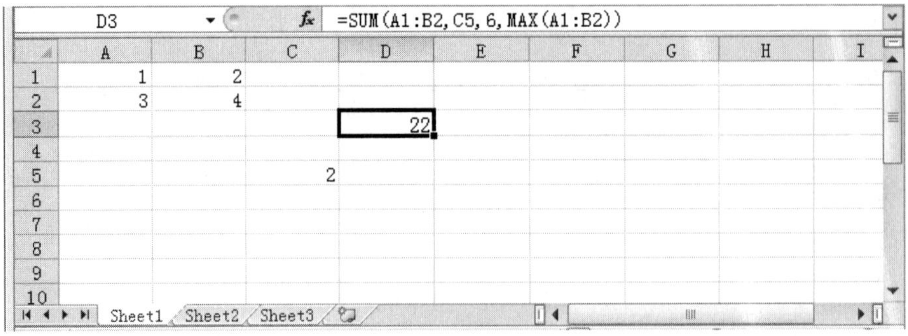

图 5-57　函数示例

【例5】利用函数计算图 5-58 中的"应发工资"部分。

图 5-58　收入统计表

选定 D3 单元格，输入函数"=sum(B3:C3)"，如图 5-59 所示（参数区域可以通过输入或鼠标拖动的方式获取），敲击回车，选定 D3 单元格，拖动填充柄，使用数据填充的方法计算其余结果，如图 5-60 所示。

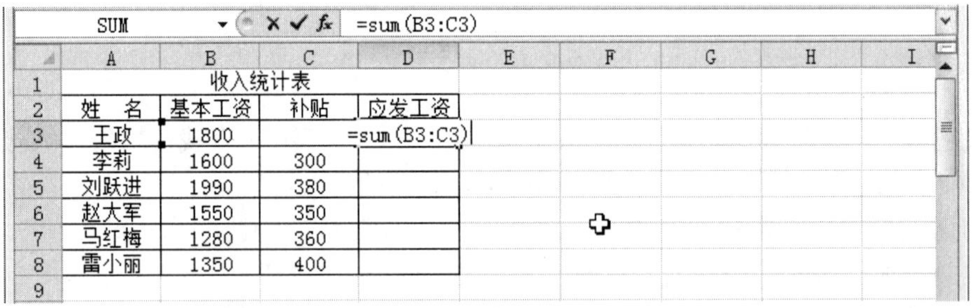

图 5-59　函数计算

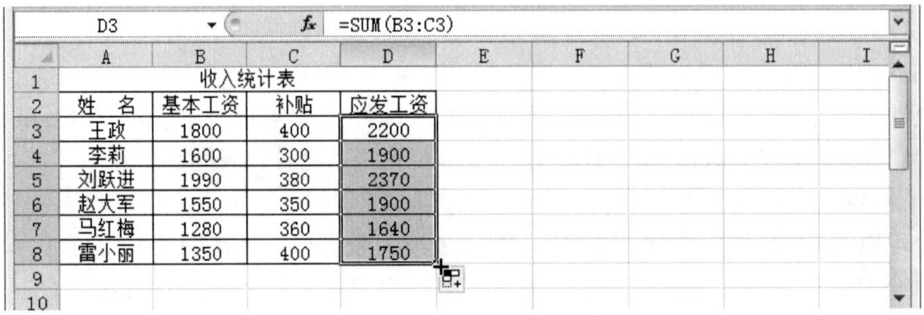

图 5-60　数据填充

5.4.3 公式与函数的复制

（1）公式与函数的复制

① 选定含有公式或函数需复制的单元格，使用【Ctrl+C】组合键，然后选定目标单元格，使用【Ctrl+V】组合键，即可完成复制。

② 选定含有公式或函数需复制的单元格，使用数据填充的方法，即可将公式或函数复制到相邻的单元格中。

（2）单元格地址的引用

在公式与函数进行复制时，单元格地址的正确使用十分重要。单元格地址分为相对地址、绝对地址和混合地址三种，据实际计算的需求使用不同的地址。

① 相对地址 在计算中单元格所使用的地址默认为相对地址，如 A1、C5 等。相对地址在复制过程中会根据相对移动的位置来改变公式和函数中的地址。如图 5-61 所示，在 D3 单元格中输入公式"=B3*C3"，敲击回车，然后使用数据填充的方法得到下面几行的"销售额"，D4、D5、D6 单元格的公式会自动填充为"=B4*C4""=B5*C5""=B6*C6"，如图 5-62 所示。

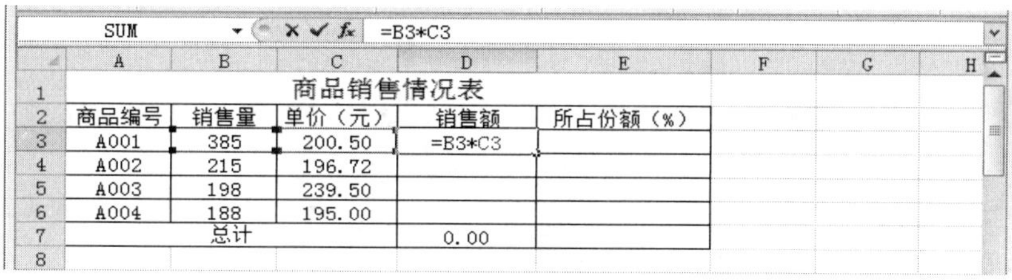

图 5-61 计算销售额

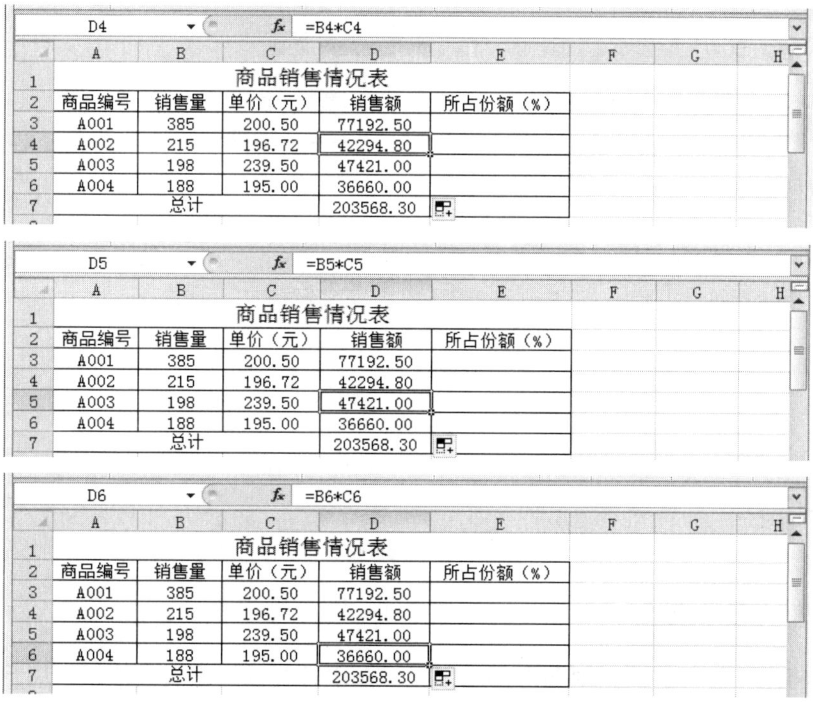

图 5-62 相对引用

② 绝对地址　绝对地址就是在相对地址前加上符号"$"，如$A$1、$C$5等。绝对地址能使该地址在公式或函数引用中固定不变，不受位置变化的影响。

③ 混合地址　混合地址就是在相对地址的列或行前面加上符号"$"，如$A1、C$5等。混合地址相对部分会随位置变化，绝对部分固定不变。如图5-63所示，在E3单元格中输入公式"=D3/D$7"，敲击回车，然后使用数据填充的方法得到下面几行的"所占份额"，E4、E5、E6单元格的公式会自动填充为"=D4/D$7""=D5/D$7""=D6/D$7"，如图5-64所示。

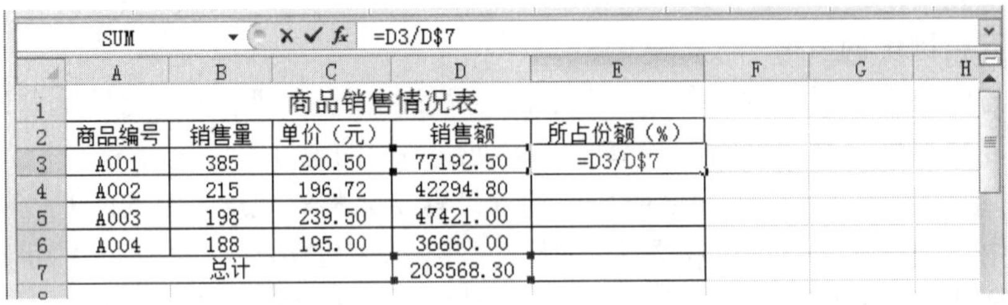

图5-63　计算所占份额

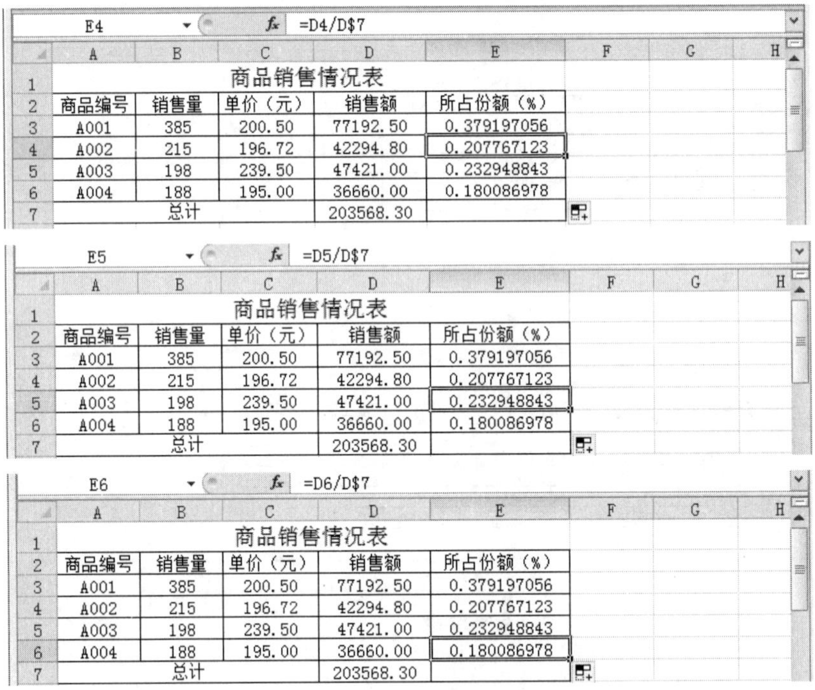

图5-64　混合引用

5.5　图表

5.5.1　图表的基本概念

图表是将工作表中的数据用图形表示出来，图表具有较好的视觉效果，用户可以更直观地观察数据，可以帮助用户更好地分析和比较数据。

（1）图表的类型

Excel 2010 提供了多种图表类型，如柱形图、折线图、饼图、条形图、面积图、散点图、股价图、曲面图、圆环图、气泡图、雷达图等，每一种类型还有很多子类型，方便用户根据实际情况创建不同类型的图表。

（2）图表的构成

一个图表主要包含了以下几个部分，如图 5-65 所示。

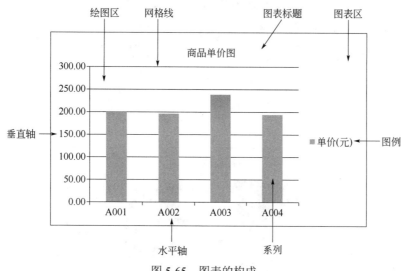

图 5-65　图表的构成

5.5.2　图表的创建

根据图表存放位置的不同，图表分为"嵌入式图表"和"独立式图表"。

嵌入式图表：是指图表和数据源放置在同一张工作表中。

独立式图表：是指图表单独存放在一个工作表中。

两种图表的创建方法基本相同，选中数据源，选择"插入"选项卡的"图表"组里的子图表类型即可。

【例 6】以图 5-66 中"商品编号"和"所占份额"为数据源，建立图表。

	A	B	C	D	E
1	商品销售情况表				
2	商品编号	销售量	单价（元）	销售额	所占份额（%）
3	A001	385	200.50	77192.50	37.92%
4	A002	215	196.72	42294.80	20.78%
5	A003	198	239.50	47421.00	23.29%
6	A004	188	195.00	36660.00	18.01%
7		总计		203568.30	
8					

图 5-66　商品销售情况表

1. 同时选定表中 A2:A6 和 E2:E6 单元格区域，单击"插入"选项卡→"图表"组→"饼图"→"三维饼图"→"分离型三维饼图"，如图 5-67 所示，得到图 5-68 所示的效果。

2. 选定图表，单击"设计"选项卡→"图表布局"组→"布局 6"命令，如图 5-69 所示，得到图 5-70 所示的效果。

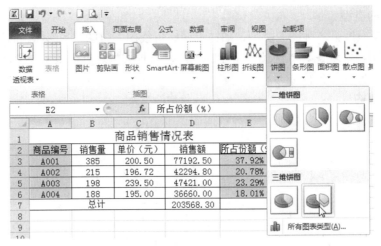

图 5-67　插入图表

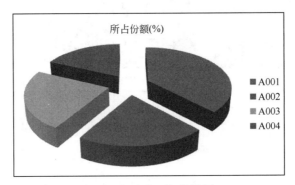

图 5-68　分离型三维饼图

图 5-69　图表布局

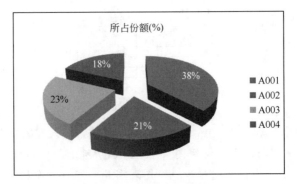

图 5-70　图表布局效果

3. 选定图表，单击"布局"选项卡→"标签"组→"图例"→"在底部显示图例"，如图 5-71 所示的效果。

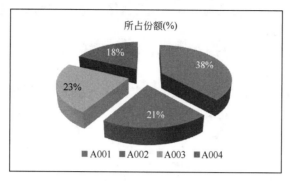

图 5-71　设置图例

4. 选定图表，单击"布局"选项卡→"标签"组→"数据标签"→"居中"，如图 5-72 所示的效果。

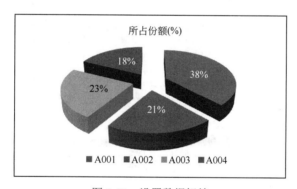

图 5-72　设置数据标签

5. 以上创建的就是"嵌入式图表"。可以选定图表，单击"设计"选项卡→"位置"组→"移动图表"，打开"移动图表"对话框，如图 5-73 所示，选择"新工作表"，定义新工作表名字，默认的名字为"Chart1"，点击"确定"，将"嵌入式图表"转换为"独立式图表"，如图 5-74 所示。

图 5-73　移动图表

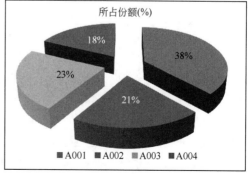

图 5-74　独立式图表

"嵌入式图表"和"独立式图表"可以通过以上方法相互切换。

5.5.3 修改图表

图表创建完成后，图表信息会随着数据源的变化而变化。完成创建后也可以继续对图表的类型、数据源等进行修改。

选定图表区，右击鼠标，如图 5-75 所示，选择相应的命令，对图表进行修改。

（1）修改图表类型

单击图 5-75 所示菜单中的"更改图表类型"命令，选择"柱形图"里的"簇状柱形图"，如图 5-76 所示，单击"确定"，效果如图 5-77 所示。也可以使用"设计"选项卡"类型"组里的"更改图表类型"命令来完成。

图 5-75　右击图表区

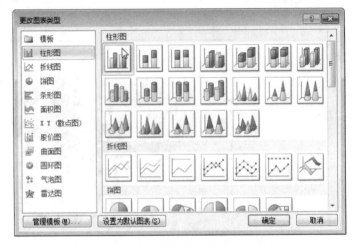

图 5-76　更改图表类型

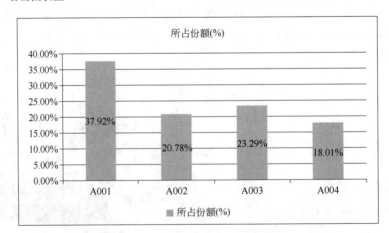

图 5-77　更改类型后的图表

（2）修改数据源

单击图 5-75 所示菜单中的"选择数据"命令，打开图 5-78 可以对数据源进行修改、添加、编辑、删除等操作。也可以使用"设计"选项卡"数据"组里的"选择数据"命令来完成。

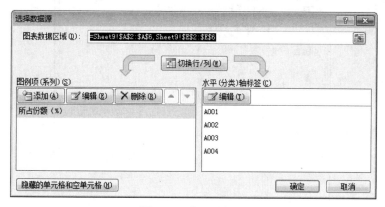

图 5-78　修改数据源

5.5.4　图表的修饰

图表完成后可以进一步对图表进行修饰，使其能有更好的视觉效果。图表的修饰可以对图表进行图表样式、图表布局、图表标题、坐标轴、图例、数据标签、网格线、形状填充、形状轮廓、形状效果等操作。

选定图表，选择"设计"选项卡、"布局"选项卡或"格式"选项卡，如图 5-79 所示，进行相应设置，或者右击图表的不同区域，打开相应的菜单，选择相应区域的格式设置命令，如右击绘图区，如图 5-80 所示，选择"设置绘图区格式"，在打开的对话框中设置绘图区的格式，如图 5-81 所示。

图 5-79　设计、布局、格式选项卡

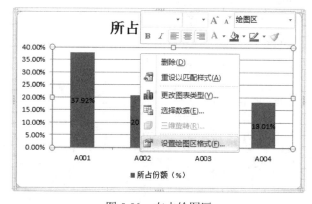

图 5-80　右击绘图区

图 5-81　设置绘图区格式

5.6　数据管理

Excel 2010 提供了强大的数据管理功能，可以方便地管理和分析数据，实现数据的输入、修改、增加、删除、查询、排序、筛选、分类汇总等操作。

5.6.1　数据清单

对数据进行操作前需首先建立数据清单，数据清单是指工作表中包含相关数据的一系列数据行，也即是工作表中的一张二维表。

数据清单中的行相当于数据库中的记录，行标题相当于记录名；数据清单中的列相当于数据库中的字段，列标题相当于字段名。

5.6.2　数据排序

数据排序是指按一定规律对数据进行整理，加快对数据的查询速度。用户可以按数据表中的一列或多列对表格进行升序或者降序操作。

（1）按单列进行排序

【例7】对图 5-82 中的"学生信息表"，按年龄进行排序。

	A	B	C	D	E	F	G	H	I	J
1	学号	班级	姓名	性别	出生日期	政治面貌	身高（CM）			
2	0418020501	工网1801	陈小红	女	2000年05月09日	团员	160			
3	0418020502	工网1801	李刚	男	1999年12月04日	群众	175			
4	0418020503	工网1801	张琴	女	2000年06月06日	群众	165			
5	0418020504	工网1801	黄伟	男	1999年09月07日	党员	180			
6	0418020505	工网1801	方志敏	男	2000年07月08日	团员	172			
7	0418020506	工网1801	王鹏飞	男	1999年12月10日	团员	170			
8	0418020507	工网1801	李悦	女	2000年08月09日	群众	163			
9	0418020508	工网1801	刘鹏	男	2000年05月07日	团员	168			
10	0418020509	工网1801	贾勇	男	2000年04月07日	群众	169			
11	0418020510	工网1801	吴玲萍	女	1999年09月10日	党员	158			

图 5-82　学生信息表

1. 选定数据表"出生日期"列中的任意一个单元格,单击"开始"选项卡→"编辑"组→"排序和筛选",打开图 5-83 所示菜单,选择"升序"或"降序"命令。

图 5-83　排序和筛选下拉列表

2. 选定数据表"出生日期"列中的任意一个单元格,单击"数据"选项卡→"排序和筛选"组,如图 5-84 所示,选择"升序"或"降序"按钮。

图 5-84　排序和筛选组

3. 选定数据表"出生日期"列中的任意一个单元格,单击图 5-83 中的"自定义排序"命令或图 5-84 中的"排序"按钮,打开图 5-85 所示对话框,"主要关键字"选择"出生日期","排序依据"选择"数值","次序"选择"升序"或"降序",单击"确定"。

图 5-85　排序对话框

（2）按多列进行排序

【例8】对图 5-82 中的"学生信息表"进行数据整理，查询不同性别身高由高到低的情况。

选定数据表中的任意一个单元格，打开"排序"对话框，"主要关键字"选择"性别"，"排序依据"选择"数值"，"次序"选择"升序"或"降序"；单击"添加条件"，"次要关键字"选择"身高（CM）"，"排序依据"选择"数值"，"次序"选择"降序"，如图 5-86 所示，单击"确定"，效果如图 5-87 所示。

图 5-86　按多列进行排序

图 5-87　按多列进行排序的效果

图 5-88　排序选项

（3）排序选项

根据排序的实际需求可能需要设置不同的排序方案，单击"排序"对话框中的"选项"按钮，打开图 5-88 进行排序"方向""方法"等设置。

5.6.3　数据筛选

筛选就是把数据清单中满足特定条件的记录快速地找出来，把其余记录进行隐藏，方便查看。

（1）自动筛选

① 单列条件筛选　筛选条件只涉及某一列的为单列条件筛选。

【例9】对图 5-89 中的"某单位收入情况表"进行自动筛选，筛选条件是"1650<财政工资<1900"。

1. 选定表格数据区域中任意一个单元格，单击"开始"选项卡→"编辑"组→"排序和筛选"→"筛选"命令，或者单击"数据"选项卡→"排序和筛选"组→"筛选"按钮，工作表中的列标题变成下拉列表框，如图 5-90 所示。

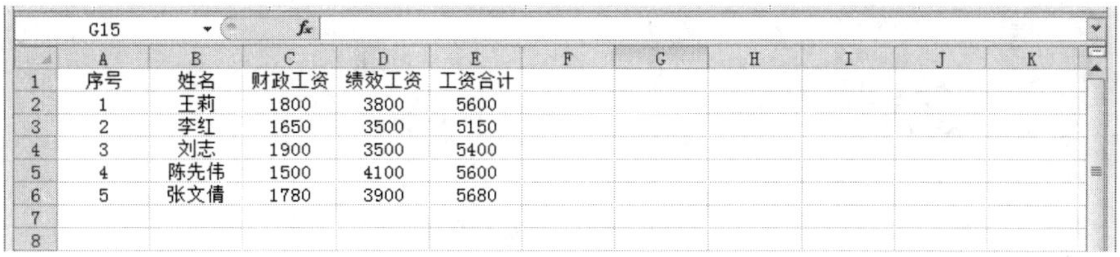

图 5-89　某单位收入情况表

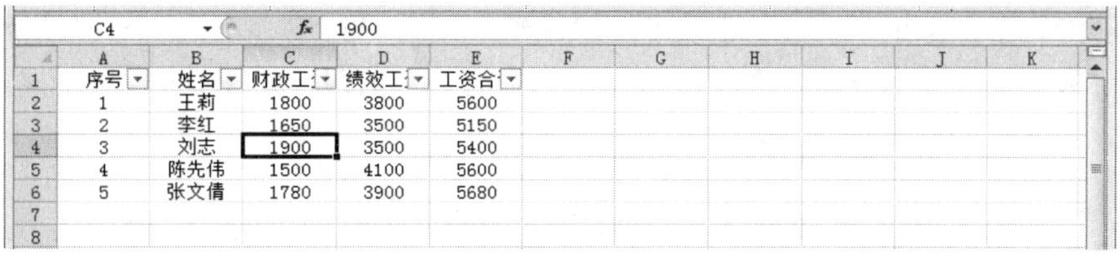

图 5-90　自动筛选

2. 单击"财政工资"下拉列表框，选择"数字筛选"，在下一级菜单选项中选择"自定义筛选"命令，如图 5-91 所示。

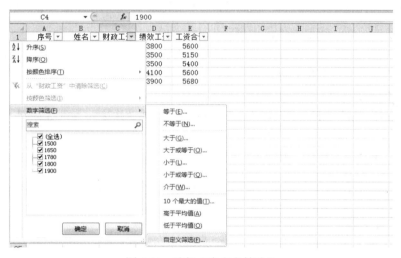

图 5-91　选择"自定义筛选"

3. 打开"自定义自动筛选方式"对话框，在第一个下拉列表框中选择"大于"，在右侧输入框中输入"1650"；选中"与"；在第二个下拉列表框中选择"小于"，在右侧输入框中输入"1900"，如图 5-92 所示，单击"确定"按钮，完成自动筛选，结果如图 5-93 所示。

图 5-92　自定义自动筛选方式

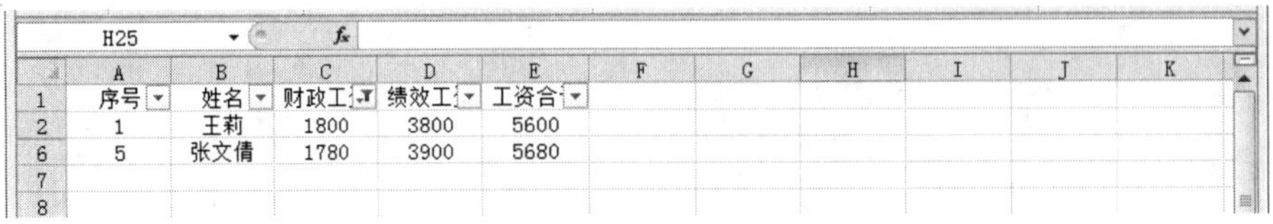

图 5-93   单列筛选后的结果

4. 完成筛选后不满足条件的记录被隐藏，方便用户查看满足条件的记录。

② 清除筛选   单击"开始"选项卡→"编辑"组→"排序和筛选"→"清除"命令，或者单击"数据"选项卡→"排序和筛选"组→"清除"按钮，如图 5-94 所示，即可清除之前的筛选，将隐藏的数据恢复显示。

图 5-94   清除自动筛选

③ 多列条件筛选   筛选条件涉及多列的为多列条件筛选。

【例 10】对图 5-89 中的"某单位收入情况表"进行自动筛选，筛选条件是"财政工资>=1780 且绩效工资=3500"。

1. 清除之前的筛选，恢复显示被隐藏的数据。

2. 在"财政工资"列和"绩效工资"列分别进行自动筛选，其设置分别如图 5-95 和图 5-96 所示。

3. 分别完成筛选，结果如图 5-97 所示。

图 5-95   设置财政工资条件

图 5-96   设置绩效工资条件

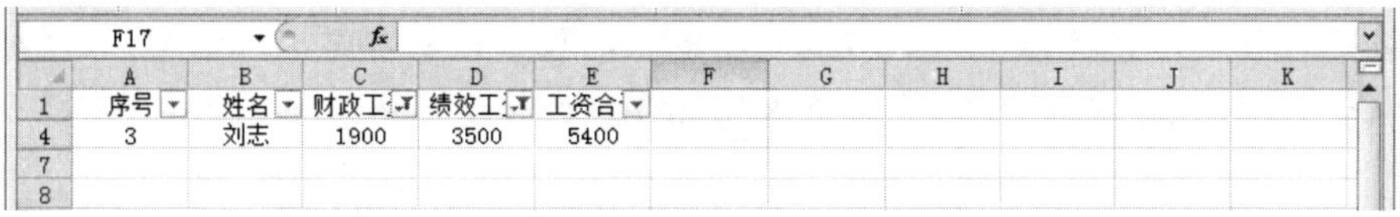

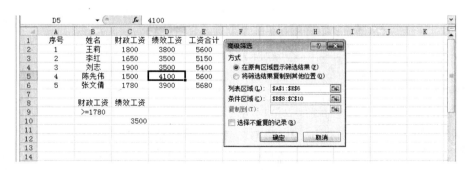

图 5-97　多列筛选后的结果

④ 自动筛选小结　逻辑关系中的"与"就是生活中说的"且",表示不同条件必须同时满足;"或"关系表示不同条件满足其中之一即可。自动筛选能完成多种逻辑关系的条件筛选。

a．单列与关系　如"1650<财政工资<1900",意思为"财政工资大于 1650 且小于 1900"。

b．单列或关系　如"财政工资>=1780",意思为"财政工资大于或者等于 1780"。

c．多列间且关系　如"财政工资>=1780 且绩效工资=3500"

注：自动筛选无法完成多列间或关系的筛选,如"财政工资>=1780 或绩效工资=3500"。

（2）高级筛选

高级筛选能完成各种逻辑关系的条件筛选。高级筛选的两个要素,如图 5-98 所示。

列表区,数据清单所包含的整个区域,即数据区。

条件区,一般手工输入在列表区的下方,至少保持一行的间隔。条件区的字段名必须和列表区的字段名完全一样。条件位于同行代表"且"关系,不同行代表"或"关系。

图 5-98　高级筛选区域示例

【例 11】对图 5-89 中的"某单位收入情况表"进行高级筛选,筛选条件是"财政工资>=1780 或绩效工资=3500"。

1．手工在列表区的下方输入条件区,如图 5-98 所示,条件位于不同行代表"或"关系。

2．单击"数据"选项卡→"排序和筛选"组→"高级"按钮,打开"高级筛选"对话框,点击"列表区域",使用鼠标拖动工作表中数据所在的相应区域,点击"条件区域",使用鼠标拖动工作表中条件所在的相应区域,或者手工输入相应区域的绝对地址,如图 5-99 所示。

图 5-99　高级筛选

3. 选择"在原有区域显示筛选结果"隐藏不满足条件的记录，或选择"将筛选结果复制到其它位置"，单击"复制到"，在工作表中选择筛选结果需显示的位置，单击"确定"，完成高级筛选。

5.6.4 数据分类汇总

分类汇总是指按数据清单的某一列把数据进行汇总，统计同类记录的相关信息，包含求和、计数、平均值、最大值、最小值、乘积等。汇总前必须先按分类字段对数据清单进行排序。

（1）创建分类汇总

【例 12】对图 5-82 中的"学生信息表"的数据进行统计，了解男女生的平均身高。

1. 选定"性别"列的任意一个单元格，然后对数据清单进行"升序"或"降序"排序，使数据清单按"性别"进行分类，效果如图 5-100 所示。

图 5-100　对数据清单进行排序

2. 选定数据清单中的任意一个单元格，单击"数据"选项卡→"分级显示"组→"分类汇总"按钮，如图 5-101 所示。

图 5-101　选择分类汇总按钮

图 5-102　设置分类汇总

3. 打开"分类汇总"对话框，在"分类字段"中选择"性别"，"汇总方式"选择"平均值"，"选定汇总项"勾选"身高（CM）"，如图 5-102 所示，单击"确定"，完成分类汇总，效果如图 5-103 所示。

（2）删除分类汇总

选定已创建分类汇总的数据清单中的任意一个单元格，打开"分类汇总"对话框，单击左下角"全部删除"按钮，即可删除已有的分类汇总。

（3）隐藏和显示分类汇总数据

当数据记录较多时，为了方便查看汇总信息，可以单击图 5-103 左侧的"−"或"＋"按钮来隐藏或显示数据，也可以单击左上角的 3 个按钮 1 2 3，3 个按钮分别代表显示 3 个不同级别的信息。

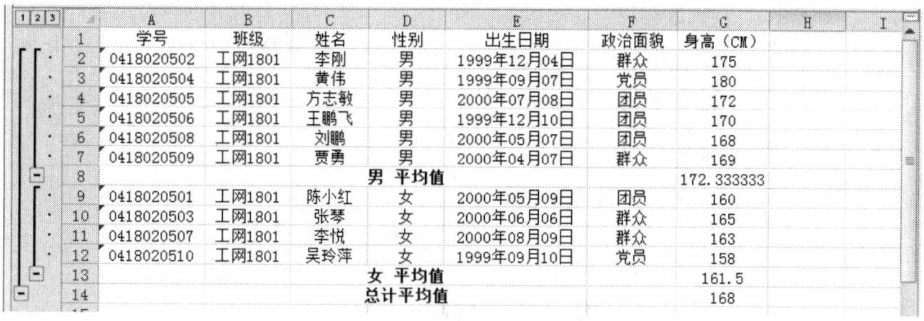

	A	B	C	D	E	F	G
1	学号	班级	姓名	性别	出生日期	政治面貌	身高（CM）
2	0418020502	工网1801	李刚	男	1999年12月04日	群众	175
3	0418020504	工网1801	黄伟	男	1999年09月07日	党员	180
4	0418020505	工网1801	方志敏	男	2000年07月08日	团员	172
5	0418020506	工网1801	王鹏飞	男	1999年12月10日	团员	170
6	0418020508	工网1801	刘鹏	男	2000年05月07日	团员	168
7	0418020509	工网1801	贾勇	男	2000年04月07日	群众	169
8				男 平均值			172.333333
9	0418020501	工网1801	陈小红	女	2000年05月09日	团员	160
10	0418020503	工网1801	张琴	女	2000年06月06日	群众	165
11	0418020507	工网1801	李悦	女	2000年08月09日	群众	163
12	0418020510	工网1801	吴玲萍	女	1999年09月10日	党员	158
13				女 平均值			161.5
14				总计平均值			168

图 5-103 分类汇总效果图

5.6.5 数据合并

数据合并指的是将不同区域的数据进行合并，不同区域包括同一工作表或不同工作表区域。

【例 13】对图 5-104“销售情况表”中两个分店的销售数据进行合并。

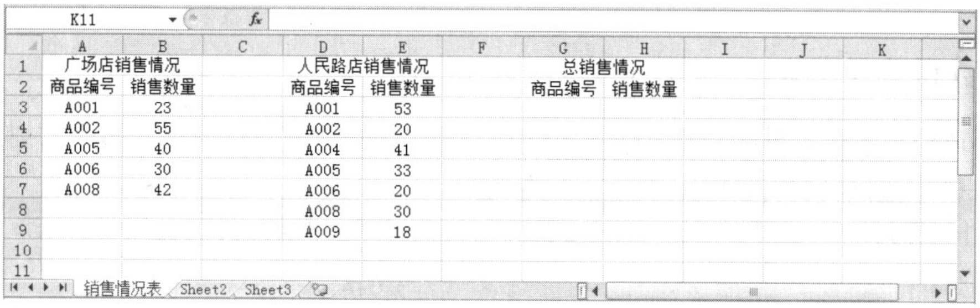

	A	B	C	D	E	F	G	H
1	广场店销售情况			人民路店销售情况			总销售情况	
2	商品编号	销售数量		商品编号	销售数量		商品编号	销售数量
3	A001	23		A001	53			
4	A002	55		A002	20			
5	A005	40		A004	41			
6	A006	30		A005	33			
7	A008	42		A006	20			
8				A008	30			
9				A009	18			

图 5-104 销售情况表

1. 选定 G3 单元格，单击“数据”选项卡→“数据工具”组→“合并计算”按钮，如图 5-105 所示。

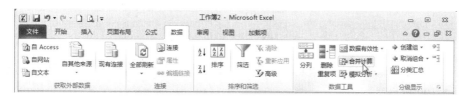

图 5-105 选择合并计算按钮

2. 打开“合并计算”对话框，在“函数”下拉列表框中选择“求和”，单击“引用位置”，用鼠标拖动 A3:B7 单元格区域，单击“添加”按钮，用鼠标拖动 D3:E9 单元格区域，单击“添加”按钮，“标签位置”选择“最左列”，如图 5-106 所示，单击“确定”完成合并，效果如图 5-107 所示。

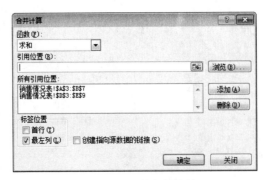

图 5-106　设置合并计算

	A	B	C	D	E	F	G	H
1	广场店销售情况			人民路店销售情况			总销售情况	
2	商品编号	销售数量		商品编号	销售数量		商品编号	销售数量
3	A001	23		A001	53		A001	76
4	A002	55		A002	20		A002	75
5	A005	40		A004	41		A004	41
6	A006	30		A005	33		A005	73
7	A008	42		A006	20		A006	50
8				A008	30		A008	72
9				A009	18		A009	18
10								

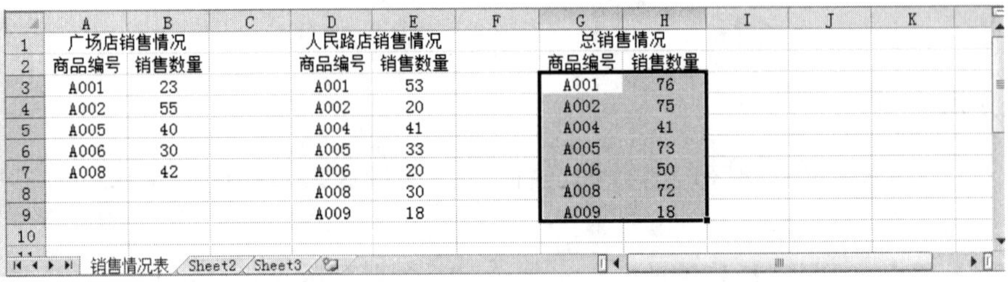

图 5-107　合并计算效果图

5.6.6　数据透视表

数据透视表是更为灵活的一种数据统计和分析方法，它可以同时变换多个需要统计的字段，统计包含求和、计数、最大值、最小值等。

【例 14】对图 5-108“产品销售情况表”中的数据建立数据透视表。

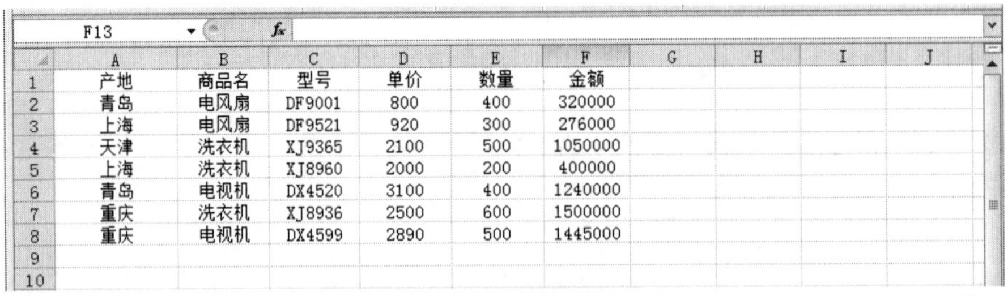

	A	B	C	D	E	F
1	产地	商品名	型号	单价	数量	金额
2	青岛	电风扇	DF9001	800	400	320000
3	上海	电风扇	DF9521	920	300	276000
4	天津	洗衣机	XJ9365	2100	500	1050000
5	上海	洗衣机	XJ8960	2000	200	400000
6	青岛	电视机	DX4520	3100	400	1240000
7	重庆	洗衣机	XJ8936	2500	600	1500000
8	重庆	电视机	DX4599	2890	500	1445000
9						
10						

图 5-108　产品销售情况表

1. 单击“插入”选项卡→“表格”组→“数据透视表”下拉列表→“数据透视表”命令，如图 5-109 所示。

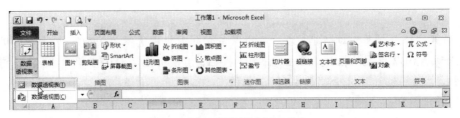

图 5-109　选择数据透视表命令

2. 打开"创建数据透视表"对话框，点击"表/区域"，选择 A1:F8 单元格区域，选择"现有工作表"，单击"位置"，选择 A11 单元格，如图 5-110 所示，单击"确定"。

3. 对右侧"数据透视表字段列表"对话框进行相应设置，在"选择要添加到报表的字段"中选择"产地""商品名""金额"，然后在"在以下区域间拖动字段"进行字段位置的调整，"列标签"为"商品名"，"行标签"为"产地"，"数值"为"求和项：金额"，如图 5-111 所示。

图 5-110　设置创建数据透视表对话框

图 5-111　设置数据透视表字段列表

4. 完成设置后效果如图 5-112 所示。选定数据透视表，在"数据透视表字段列表"对话框中可以对数据透视表进行修改。

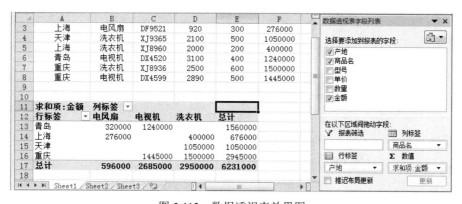

图 5-112　数据透视表效果图

5.7 工作表的打印

5.7.1 页面设置

在工作表打印之前，可以在"页面布局"选项卡中对工作表进行设置，包含页边距、纸张方向、纸张大小、打印区域、页眉/页脚等。

单击"页面布局"选项卡，在"页面设置"组里选择相应选项，或者单击右下角"页面设置"按钮，如图 5-113 所示，打开"页面设置"对话框，如图 5-114 所示，进行相关设置。

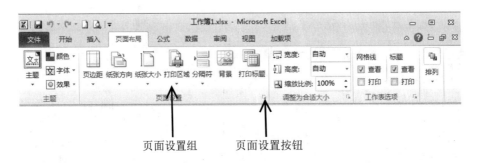

图 5-113　页面布局选项卡

5.7.2 打印预览

在打印之前单击"文件"选项卡→"打印"命令，如图 5-115 所示，在窗口的右侧可以预览打印效果，如果不满意可以继续对工作表进行相应设置。

图 5-114　页面设置对话框

5.7.3　打印

设置完成后，单击图 5-115 中的"打印"按钮，即可进行打印操作。

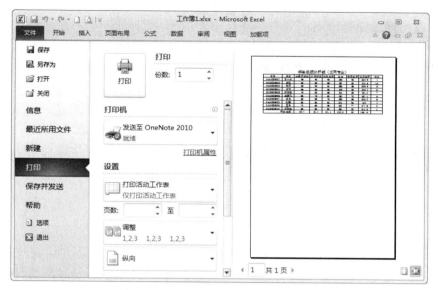

图 5-115　打印预览

5.8　保护数据

为了提升数据的安全性，可以使用一些安全保护机制使数据得到有效的保护，如设置密码，禁止无关人员访问数据；保护工作表，禁止无关人员修改数据等。

5.8.1　保护工作簿

未保护的工作簿任何人都能打开并进行修改，为了提高数据的安全性可以设置密码对工作簿进行保护。

① 打开未保护的工作簿。

② 单击"文件"选项卡→"另存为"命令，打开"另存为"对话框，设置好保存的路径、文件名及类型，打开"工具"下拉列表框，如图 5-116 所示，选择"常规选项"命令，打开"常规选项"对话框，如图 5-117 所示，设置相应的密码，单击"确定"，要求用户再输入一次密码，单击"确定"。

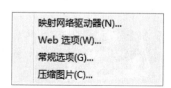

图 5-116　"工具"下拉列表

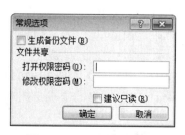

图 5-117　设置常规选项

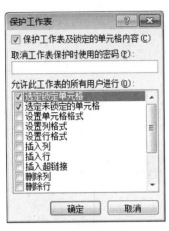

图 5-118　保护工作表

③ 返回"另存为"对话框，单击"保存"即可。

④ 打开设置了密码的工作簿需要输入正确的密码才能进行相应地操作。

5.8.2　保护工作表

未保护的工作表任何人都能打开并进行修改，为了提高数据的安全性可以设置密码对工作表进行保护。

① 打开需要保护的工作表。

② 单击"审阅"选项卡→"更改"组→"保护工作表"按钮，打开"保护工作表"对话框，如图 5-118 所示，设置保护项，输入密码，单击"确定"，再次输入密码，单击"确定"即可。

本 章 小 结

本章介绍了微软 Office 2010 办公软件中的一个重要组件——Excel 2010 电子表格软件的使用，其主要功能是对表格数据进行组织、计算、分析和统计，可以通过形式多样的图表来表现数据，也可以对数据进行排序、筛选、分类汇总、合并计算等数据库操作。

习　题

（1）使用 Excel 2010 建立新生档案表，如图 5-119 所示。

	A	B	C	D	E	F	G	H	I
1	机械与自动化工程学院2018级新生档案表								
2									制表时间：2018-9-9
3	学号	班级	姓名	性别	出生日期	政治面貌	入学成绩	家庭住址	联系电话
4	0418020501	工网1801	陈小红	女	2000年05月09日	团员	420.50	重庆市沙坪坝区正街51号	13783265265
5	0418020502	工网1801	李刚	男	1999年12月04日	群众	418.00	重庆市南坪区西街12号	15809086458
6	0418020503	工网1801	张琴	女	2000年06月06日	群众	423.50	重庆市九龙坡区钢铁路15号	15963024878
7	0418020504	工网1801	黄伟	男	1999年09月07日	党员	430.00	重庆市大渡口区杨梨路100号	13320158960
8	0418020505	工网1801	方志敏	男	2000年07月08日	团员	422.00	重庆市渝北区汉东路50号	18202369888
9	0418020506	工网1801	王鹏飞	男	1999年12月10日	团员	425.00	重庆市渝中区大同路18号	19245220584
10	0418020507	工网1801	李悦	女	2000年08月09日	群众	412.00	重庆市北碚区跃进村20号	16352545893
11	0418020508	工网1801	刘鹏	男	2000年05月07日	团员	419.50	重庆市开州区万福路11号	13368597126
12	0418020509	工网1801	贾勇	男	2000年04月07日	群众	411.00	重庆市长寿区菩提路30号	13889651478
13	0418020510	工网1801	吴玲萍	女	1999年09月10日	党员	431.50	重庆市巴南区驿马街道52号	13698541254

图 5-119　新生档案表

① 输入数据。

1. 单击 A1 单元格输入"机械与自动化工程学院 2018 级新生档案表"，在 A2 单元格中输入"制表时间：2018-9-9"，在 A3:I3 单元格区域中分别录入"学号""班级""姓名""性别""出生日期""政治面貌""入学成绩""家庭住址""联系电话"。

2. 在 A4 单元格中输入"0418020501"（注：学号前加上英文单引号），然后将鼠标移动至 A4 单元格右下角，当鼠标变成黑色十字箭头时，按住鼠标向下拖动至 A13 单元格，完成学号的输入。

3. 在 B4 单元格中输入"工网 1801"，然后将鼠标移动至 B4 单元格右下角，当鼠标变成黑色十字箭头时，按住鼠标向下拖动至 B13 单元格，单击右下角的"自动填充按钮"选择"复制单元格"命令，如图 5-120 所示，完成班级的输入。

4. 在 C4:C13、H4:H13、I4:I13 单元格区域中，按图 5-119 完成数据录入即可。

5. 在 D4:D13、F4:F13 单元格区域中，分别使用数据有效性的方法进行数据录入，选择相应的单元格区域，单击"数据"选项卡→"数据工具"组→"数据有效性"命令，打开图 5-121 所示对话框，"允许"选择"序列"，在"来源"中，分别录入"男,女"和"党员,团员,群众"。

图 5-120　自动填充　　　　　　　　图 5-121　数据有效性

6. 在 E4:E13 中输入出生日期的数据，年月日之间的间隔使用"–"或"/"进行分隔，如"2000-5-9"或"1999/12/4"。

7. 在 G4:G13 中输入"入学成绩"（注：成绩前不加英文单引号），完成输入后效果如图 5-122 所示。

图 5-122　完成输入后的学生档案表

② 格式化表格。

1. 选择 A1:I1 单元格区域，单击"开始"选项卡→"对齐方式"组→"合并后居中"命令，如图 5-123 所示，在"字体"组中，将字体设为"宋体"，字号设为"14"，颜色设为"紫色"。

2. 选择 A2:I2 单元格区域，单击"开始"选项卡→"对齐方式"组→"合并后居中"命令，然后单击"对齐方式"组中的"文本右对齐"命令。

3. 选择 A3:I13 单元格区域，单击"开始"选项卡→"对齐方式"组→"居中"命令；选择 H4:I13 单元格区域，单击"开始"选项卡→"对齐方式"组→"文本左对齐"命令。

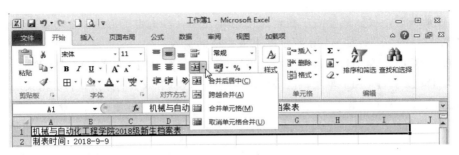

图 5-123　合并后居中

4．选择 E4:E13 单元格区域，单击"开始"选项卡→"数字"组，单击右下角"设置单元格格式"按钮，打开"设置单元格格式"对话框，选择"分类"中的"日期"选项，在"类型"中选择"2001 年 3 月 14 日"，如图 5-124 所示，然后选择"分类"中的"自定义"选项，在类型中将"yyyy"年"m"月"d"日";@"改为"yyyy"年"mm"月"dd"日";@"，如图 5-125 所示，单击"确定"。

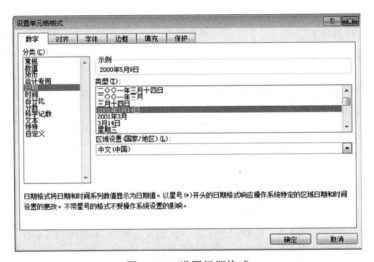

图 5-124　设置日期格式

图 5-125　设置自定义日期格式

5. 调整行高，第 1 行 "22"，第 3 行 "18"，第 4-13 行 "15"，其余各行使用默认值。调整列宽，拖动调整，使各列列宽能较好地显示数据，效果如图 5-126 所示。

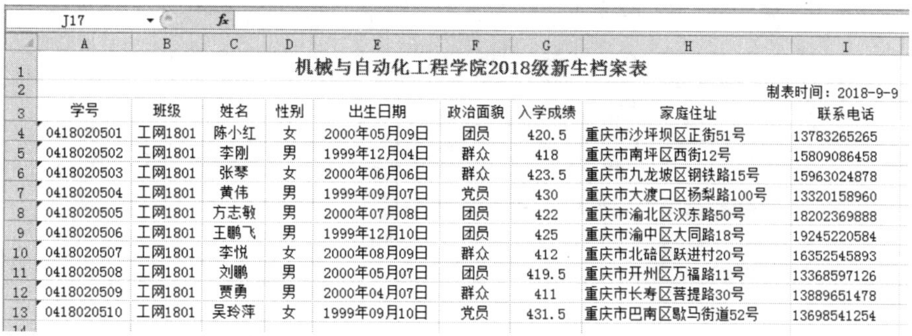

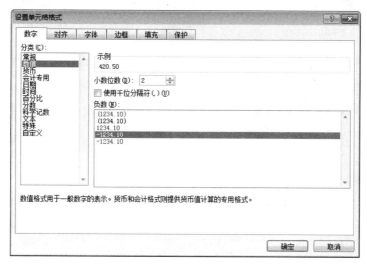

图 5-126　调整行列后的效果

6. 选择 G4:G13 单元格区域，单击 "开始" 选项卡→ "数字" 组，单击右下角 "设置单元格格式" 按钮，打开 "设置单元格格式" 对话框，选择 "分类" 中的 "数值" 选项， "小数位数" 设置为 "2"，如图 5-127 所示，单击 "确定"，完成数值格式的设置。

图 5-127　设置数值格式

7. 选择 A3:I13 单元格区域，单击右键，在弹出的菜单中选择 "设置单元格格式" 命令，打开 "设置单元格格式" 对话框，选择 "边框" 选项卡，在 "样式" "颜色" "预置" 中选择所需的选项， "外边框" 使用黑色粗线， "内部" 使用红色虚线，如图 5-128 所示，单击 "确定"。

8. 选择 A3:I3 单元格区域，打开 "设置单元格格式" 对话框，选择 "填充" 选项卡，在 "背景色" 中选择浅蓝色，如图 5-129 所示，单击 "确定"。选择 A4:A13 单元格区域，将背景色填充为橙色。

9. 双击工作表标签 "Sheet1"，将工作表的名字改为 "工业网络专业"，如图 5-130 所示。

10. 单击 "文件" 选项卡中的 "保存" 命令，将文件进行保存操作，如图 5-131 所示。

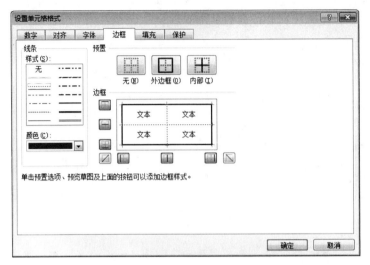

图 5-128　设置框线

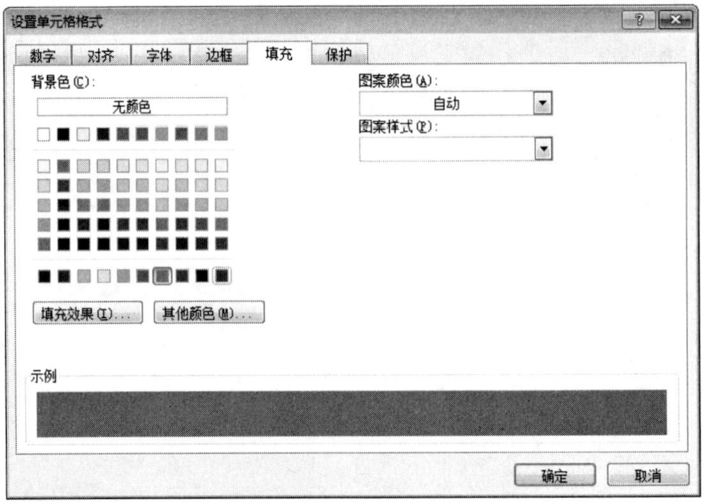

图 5-129　填充颜色

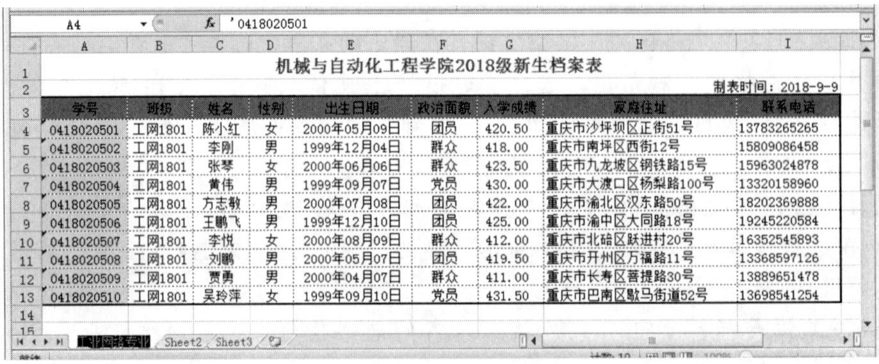

学号	班级	姓名	性别	出生日期	政治面貌	入学成绩	家庭住址	联系电话
0418020501	工网1801	陈小红	女	2000年05月09日	团员	420.50	重庆市沙坪坝区正街51号	13783265265
0418020502	工网1801	李刚	男	1999年12月04日	群众	418.00	重庆市南坪区西街12号	15809086458
0418020503	工网1801	张琴	女	2000年06月06日	群众	423.50	重庆市九龙坡区铜铁路15号	15963024878
0418020504	工网1801	黄伟	男	1999年09月07日	党员	430.00	重庆市大渡口区杨梨路100号	13320158960
0418020505	工网1801	方志敏	男	2000年07月08日	团员	422.00	重庆市渝北区汉东路50号	18202369888
0418020506	工网1801	王鹏飞	男	1999年12月10日	群众	425.00	重庆市渝中区大同路18号	19245220584
0418020507	工网1801	李悦	女	2000年08月09日	群众	412.00	重庆市北碚区跃进村20号	16352545893
0418020508	工网1801	刘鹏	男	2000年05月07日	团员	419.50	重庆市开州区万福路11号	13368597126
0418020509	工网1801	贾勇	男	2000年04月07日	群众	411.00	重庆市长寿区菩提路30号	13889651478
0418020510	工网1801	吴玲萍	女	1999年09月10日	党员	431.50	重庆市巴南区骝马街道52号	13698541254

图 5-130　重命名工作表

图 5-131　保存文件

（2）完成图 5-132 "学生成绩分析表" 中所有的计算以及图 5-133 "成绩分析图" 的制作。

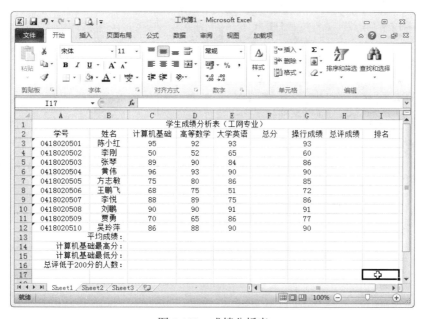

图 5-132　成绩分析表

① 总分的计算。

1．选定 C3:F12 单元格区域。

2．单击 "开始" 选项卡→ "编辑" 组→ "自动求和" → "求和" 命令，如图 5-134 所示，完成所有学生的 "总分" 的计算。

② 总评成绩的计算（总评成绩=总分×70%+操作成绩×30%）。

1．选定 H3 单元格，输入公式 "=F3×0.7+G3×0.3"，如图 5-135 所示，敲击回车，计算出 "陈小红" 同学的总评成绩。

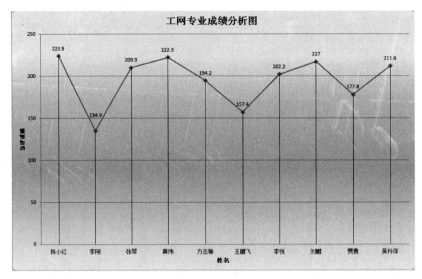

图 5-133　成绩分析图

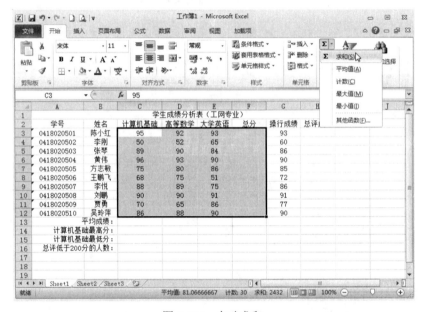

图 5-134　自动求和

	A	B	C	D	E	F	G	H	I	J	K
	SUM				=F3*0.7+G3*0.3						
1			学生成绩分析表（工网专业）								
2	学号	姓名	计算机基础	高等数学	大学英语	总分	操作成绩	总评成绩	排名		
3	0418020501	陈小红	95	92	93	280		=F3*0.7+G3*0.3			
4	0418020502	李刚	50	52	65	167	60				
5	0418020503	张琴	89	90	84	263	86				
6	0418020504	黄伟	96	93	90	279	90				
7	0418020505	方志敏	75	80	86	241	85				
8	0418020506	王鹏飞	68	75	51	194	72				
9	0418020507	李悦	88	89	75	252	86				
10	0418020508	刘鹏	90	90	91	271	91				
11	0418020509	贾勇	70	65	86	221	77				
12	0418020510	吴玲萍	86	88	90	264	90				
13			平均成绩:								
14			计算机基础最高分:								
15			计算机基础最低分:								
16			总评低于200分的人数:								

图 5-135　计算"陈小红"的总评成绩

2. 选定 H3 单元格，使用数据填充的方法，计算出其余同学的总评成绩，如图 5-136 所示。

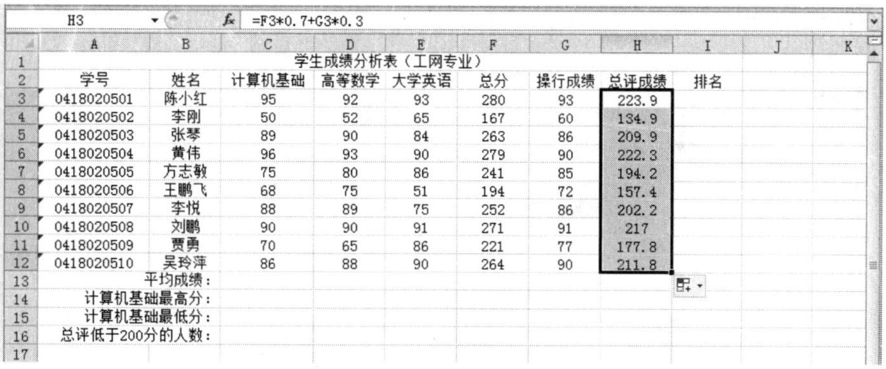

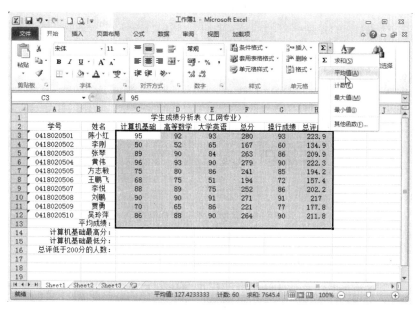

图 5-136　计算其余同学的总评成绩

③ 平均成绩的计算。

1. 选定 C3:H13 单元格区域。

2. 单击"开始"选项卡→"编辑"组→"自动求和"→"平均值"命令，如图 5-137 所示，完成"平均成绩"的计算。

图 5-137　计算平均成绩

④ 计算计算机基础课程的最高分。

1. 选定 C14 单元格。

2. 单击"开始"选项卡→"编辑"组→"自动求和"→"最大值"命令，如图 5-138 所示。

3. 将函数的参数部分修改为 C3:C12，敲击回车，完成计算。

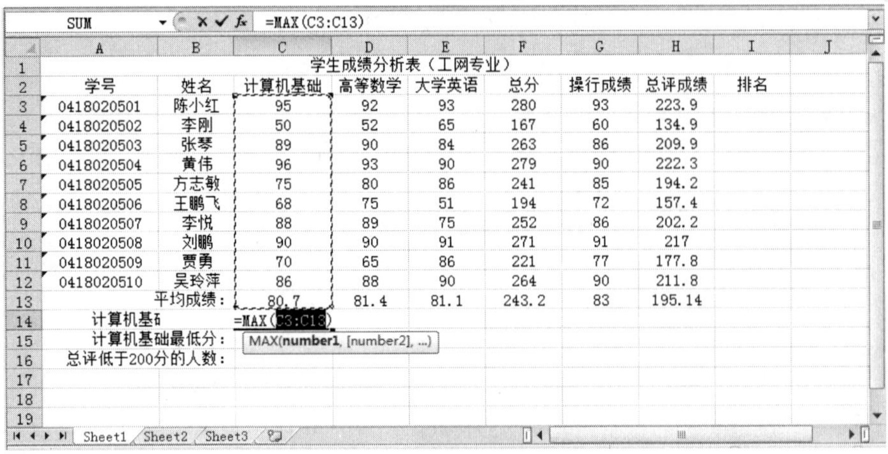
SUM =MAX(C3:C13)

	A	B	C	D	E	F	G	H	I
1					学生成绩分析表（工网专业）				
2	学号	姓名	计算机基础	高等数学	大学英语	总分	操行成绩	总评成绩	排名
3	0418020501	陈小红	95	92	93	280	93	223.9	
4	0418020502	李刚	50	52	65	167	60	134.9	
5	0418020503	张琴	89	90	84	263	86	209.9	
6	0418020504	黄伟	96	93	90	279	90	222.3	
7	0418020505	方志敏	75	80	86	241	85	194.2	
8	0418020506	王鹏飞	68	75	51	194	72	157.4	
9	0418020507	李悦	88	89	75	252	86	202.2	
10	0418020508	刘鹏	90	90	91	271	91	217	
11	0418020509	贾勇	70	65	86	221	77	177.8	
12	0418020510	吴玲萍	86	88	90	264	90	211.8	
13		平均成绩：	80.7	81.4	81.1	243.2	83	195.14	
14	计算机基石		=MAX(C3:C13)						
15	计算机基础最低分：		MAX(number1, [number2], ...)						
16	总评低于200分的人数：								

Sheet1 Sheet2 Sheet3

图 5-138　计算机基础课程最高分

⑤ 计算计算机基础课程的最低分。

1. 选定 C15 单元格。

2. 输入函数“=MIN（C3:C12）”，敲击回车，完成计算，结果如图 5-139 所示。

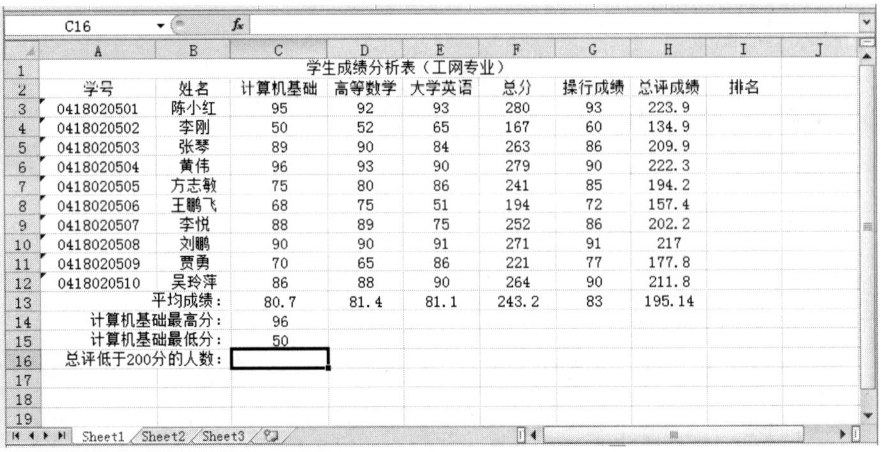
C16

	A	B	C	D	E	F	G	H	I
1					学生成绩分析表（工网专业）				
2	学号	姓名	计算机基础	高等数学	大学英语	总分	操行成绩	总评成绩	排名
3	0418020501	陈小红	95	92	93	280	93	223.9	
4	0418020502	李刚	50	52	65	167	60	134.9	
5	0418020503	张琴	89	90	84	263	86	209.9	
6	0418020504	黄伟	96	93	90	279	90	222.3	
7	0418020505	方志敏	75	80	86	241	85	194.2	
8	0418020506	王鹏飞	68	75	51	194	72	157.4	
9	0418020507	李悦	88	89	75	252	86	202.2	
10	0418020508	刘鹏	90	90	91	271	91	217	
11	0418020509	贾勇	70	65	86	221	77	177.8	
12	0418020510	吴玲萍	86	88	90	264	90	211.8	
13		平均成绩：	80.7	81.4	81.1	243.2	83	195.14	
14	计算机基础最高分：		96						
15	计算机基础最低分：		50						
16	总评低于200分的人数：								

Sheet1 Sheet2 Sheet3

图 5-139　计算机基础课程最低分

⑥ 计算总评低于 200 分的人数。

1. 选定 C16 单元格。

2. 单击编辑栏中的插入函数按钮 *fx*，打开“插入函数”对话框，在“或选择类别”中选择“统计”，在“选择函数”中选择“COUNTIF”，如图 5-140 所示，单击“确定”。

3. 打开“函数参数”对话框，选择“Range”，通过鼠标拖动工作表 H3:H12 单元格区域或者直接输入 H3:H12；选择“Criteria”，输入条件““<200””（条件加上英文双引号），如图 5-141 所示，单击“确定”，完成计算。

⑦ 计算排名。

1. 选定 I3 单元格。

2. 单击“公式”选项卡→“函数库”组→“其他函数”→“统计”→“RANK.EQ”，如图 5-142 所示。

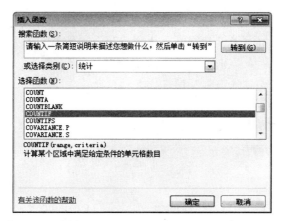

图 5-140　插入 COUNTIF 函数

图 5-141　设置 COUNTIF 函数的参数

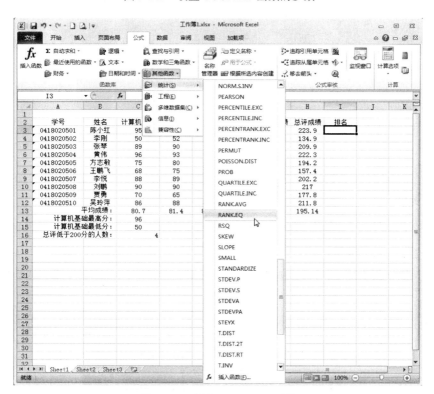

图 5-142　插入 RANK.EQ 函数

3. 打开"函数参数"对话框，选择"Number"，输入 H3 或者单击 H3 单元格；选择 Ref，通过鼠标拖动工作表 H3:H12 单元格区域或者直接输入 H3:H12，然后在行号前添加符号"$"，将区域变成 H$3:H$12；选择"Order"，输入条件"0"（0 代表降序，1 代表升序），如图 5-143 所示，单击"确定"，完成"陈小红"同学排名的计算。

4. 选定 I3 单元格。

5. 使用数据填充的方法，完成所有排名的计算。

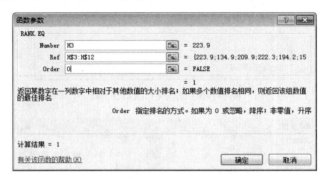

图 5-143　设置 RANK.EQ 函数的参数

⑧ 将所有科目不及格的单元格设置为浅红色填充。

1. 选定 C3:E12 单元格区域。

2. 单击"开始"选项卡→"样式"组→"条件格式"→"突出显示单元格规则"→"小于"，如图 5-144 所示，打开图 5-145 所示对话框，将值小于 60 的单元格的格式设置为"浅红色填充"，单击"确定"，完成设置。

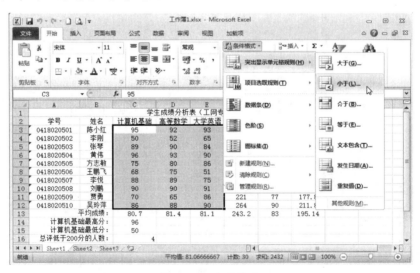

图 5-144　条件格式

图 5-145　设置条件格式

⑨ 创建图表。

1. 同时选定表中 B2:B12 和 H2:H12 单元格区域，单击"插入"选项卡→"图表"组→"折线图"→"二维折线图"→"带数据标记的折线图"，如图 5-146 所示，得到图 5-147 所示的效果。

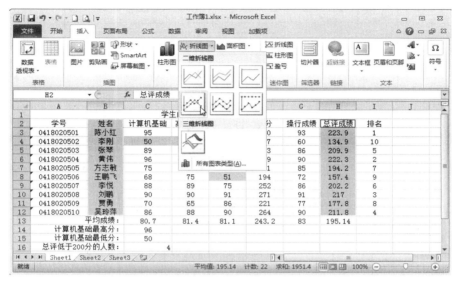

图 5-146　插入折线图

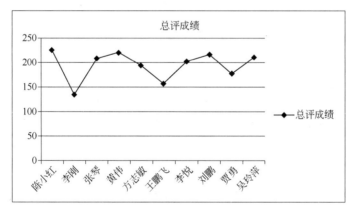

图 5-147　带数据标记的折线图

2. 选定图表，单击"设计"选项卡→"图表布局"组→"布局 10"，将水平轴标题改为"姓名"，将垂直轴标题改为"总评成绩"，将图表标题改为"工网专业成绩分析图"。

选定图表，单击"设计"选项卡→"图表样式"组→"样式 4"，效果如图 5-148 所示。

3. 选定图表，单击"布局"选项卡→"标签"组→"图例"→"无"，关闭图例；选定图表，单击"布局"选项卡→"标签"组→"数据标签"→"上方"，在图中显示每个学生的成绩；选定图表，单击"布局"选项卡→"分析"组→"折线"→"垂直线"，效果如图 5-149 所示。

4. 选定图表，单击"格式"选项卡→"当前所选内容"组，在下拉列表中选择需要设置格式的区域，如：垂直（值）轴、水平（类别）轴、图表标题、绘图区、图表区等，如图 5-150 所示，然后单击"设置所选内容格式"命令，打开相应的格式设置对话框，如图 5-151 所示。

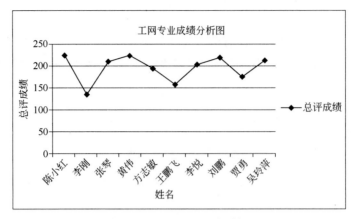

图 5-148　设置设计选项卡

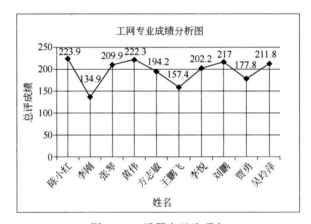

图 5-149　设置布局选项卡

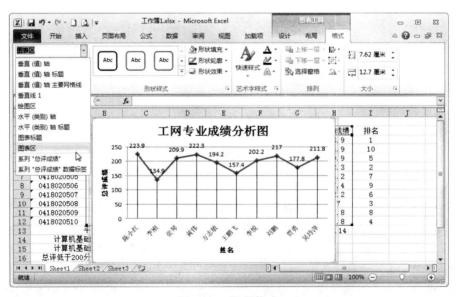

图 5-150　设置格式

5. 选定图表区，设置格式，选择"填充" → "渐变填充" → "预设颜色" → "麦浪滚滚"，单击"关闭"；选定绘图区，重复以上步骤，完成格式设置。

图 5-151　设置图表区格式

6. 选定图表，单击"设计"选项卡→"位置"组→"移动图表"，打开"移动图表"对话框，选择"新工作表"，定义新工作表名字为"工网专业成绩分析图"，单击"确定"，效果如图 5-152 所示。

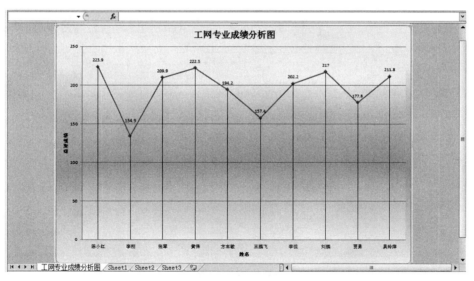

图 5-152　移动图表

7. 将包含成绩的工作表改名为"工网专业成绩分析表"，把工作簿以"成绩表"为名保存在桌面。

（3）对图 5-153 中的数据进行管理和分析操作。

① 打开 Excel 2010，建立图 5-153 中所示的数据清单。

产品销售统计表				
销售分公司	产品名称	销售单价（元）	销售数量	销售金额
苏州	矿泉水	2	200	
重庆	口香糖	3.5	150	
深圳	方便面	5	130	
苏州	口香糖	4	230	
东莞	矿泉水	3	320	
东莞	口香糖	5.5	180	
苏州	火腿肠	2	200	
深圳	矿泉水	1.5	320	
苏州	瓜子	6	360	
武汉	矿泉水	3.5	260	
重庆	火腿肠	3	375	
深圳	口香糖	2.5	380	
武汉	瓜子	6	200	
东莞	火腿肠	2.5	380	
武汉	口香糖	3	400	
上海	方便面	6	420	
重庆	方便面	5.5	340	
上海	火腿肠	3.5	400	
上海	瓜子	6	390	

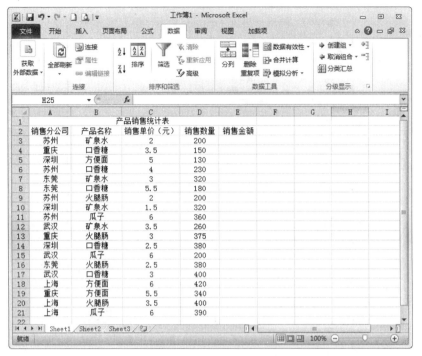

图 5-153 产品销售统计表

② 计算“销售金额”。

1. 选定 E3 单元格，输入公式“=C3*D3”，如图 5-154 所示，敲击回车。

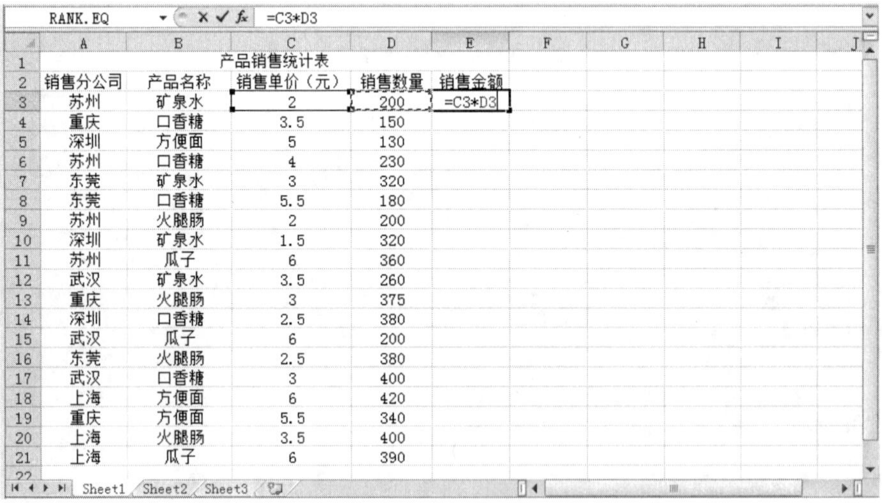

产品销售统计表				
销售分公司	产品名称	销售单价（元）	销售数量	销售金额
苏州	矿泉水	2	200	=C3*D3
重庆	口香糖	3.5	150	
深圳	方便面	5	130	
苏州	口香糖	4	230	
东莞	矿泉水	3	320	
东莞	口香糖	5.5	180	
苏州	火腿肠	2	200	
深圳	矿泉水	1.5	320	
苏州	瓜子	6	360	
武汉	矿泉水	3.5	260	
重庆	火腿肠	3	375	
深圳	口香糖	2.5	380	
武汉	瓜子	6	200	
东莞	火腿肠	2.5	380	
武汉	口香糖	3	400	
上海	方便面	6	420	
重庆	方便面	5.5	340	
上海	火腿肠	3.5	400	
上海	瓜子	6	390	

图 5-154 计算销售金额

2. 选定 E3 单元格，将鼠标移至单元格右下角，当鼠标变成黑色十字箭头时，使用数据填充的方法计算其余单元格的销售金额。

3. 将工作表“Sheet1”重命名为“产品销售统计表”。

③ 查询各分公司销售金额由高到低的情况。

1. 将“产品销售统计表”中的数据复制到“Sheet2”中。

2. 选定数据清单中任意一个单元格，单击"开始"选项卡→"编辑"组→"排序和筛选"→"自定义排序"命令，打开"排序"对话框，在"主要关键字"中选择"销售分公司"，"排序依据"选择"数值"，"次序"选择"升序"或"降序"，单击"添加条件"按钮，在"次要关键字"中选择"销售金额"，"排序依据"选择"数值"，"次序"选择"降序"，如图 5-155 所示，单击"确定"。

图 5-155　设置排序条件

④ 查询口香糖销售数量大于 200 或者销售金额大于 950 的记录。

1. 在表"Sheet2"中数据清单的下方创建条件区（注：至少间隔一行），如图 5-156 所示。

21	重庆	口香糖	3.5	150	525
22					
23					
24		产品名称	销售数量	销售金额	
25		口香糖	>200		
26		口香糖		>950	
27					
28					
29					

产品销售统计表　Sheet2　Sheet3

图 5-156　创建条件区

2. 单击"数据"选项卡→"排序和筛选"组→"高级"按钮，打开"高级筛选"对话框，点击"列表区域"，使用鼠标拖动工作表中数据所在的相应区域 A2:E21，点击"条件区域"，使用鼠标拖动工作表中条件所在的相应区域 C24:E26，或者手工输入相应区域的绝对地址，选择"将筛选结果复制到其他位置"，点击"复制到"，单击工作表 A28 单元格，如图 5-157 所示，单击"确定"，完成查询，结果如图 5-158 所示。

3. 将工作表"Sheet2"重命名为"排序_筛选"。

⑤ 查询各类产品销售数量和销售金额的总和。

1. 将"产品销售统计表"中的数据复制到"Sheet3"中。

2. 选定"产品名称"字段中的任意一个单元格，单击"开始"选项卡→"编辑"组→"排序和筛选"，选择"升序"或"降序"命令。

3. 选定数据清单中的任意一个单元格，单击"数据"选项卡→"分级显示"组→"分类汇总"按钮，打开"分类汇总"对话框，"分类字段"选择"产品名称"，"汇总方式"选择"求和"，"选定汇总项"选择"销售数量"和"销售金额"，如图 5-159 所示，单击"确定"。

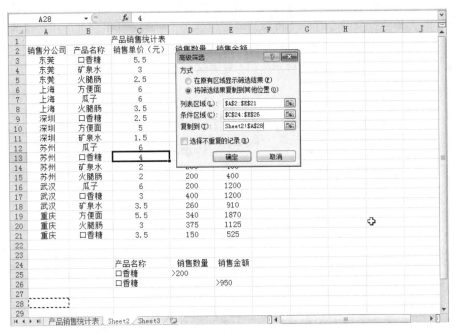

图 5-157　设置高级筛选

图 5-158　查询效果图

图 5-159　设置分类汇总

4. 将工作表"Sheet3"重命名为"分类汇总"，如图 5-160 所示。

	A	B	C	D	E
1			产品销售统计表		
2	销售分公司	产品名称	销售单价（元）	销售数量	销售金额
3	深圳	方便面	5	130	650
4	上海	方便面	6	420	2520
5	重庆	方便面	5.5	340	1870
6		**方便面 汇总**		890	5040
7	苏州	瓜子	6	360	2160
8	武汉	瓜子	6	200	1200
9	上海	瓜子	6	390	2340
10		**瓜子 汇总**		950	5700
11	苏州	火腿肠	2	200	400
12	重庆	火腿肠	3	375	1125
13	东莞	火腿肠	2.5	380	950
14	上海	火腿肠	3.5	400	1400
15		**火腿肠 汇总**		1355	3875
16	重庆	口香糖	3.5	150	525
17	苏州	口香糖	4	230	920
18	东莞	口香糖	5.5	180	990
19	深圳	口香糖	2.5	380	950
20	武汉	口香糖	3	400	1200
21		**口香糖 汇总**		1340	4585
22	苏州	矿泉水	2	200	400
23	东莞	矿泉水	3	320	960
24	深圳	矿泉水	1.5	320	480
25	武汉	矿泉水	3.5	260	910
26		**矿泉水 汇总**		1100	2750
27		**总计**		5635	21950

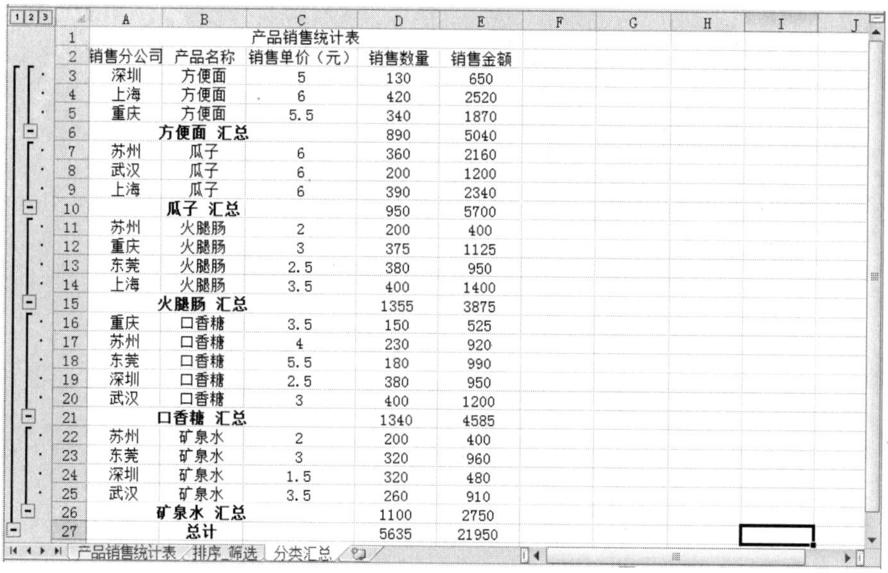

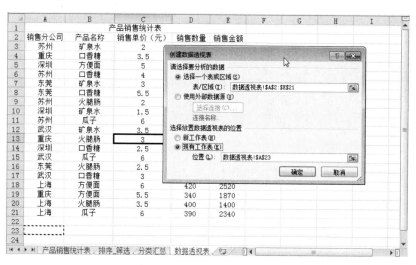

图 5-160　分类汇总效果图

⑥ 创建数据透视表。

1. 复制工作表“产品销售统计表”，命名为“数据透视表”，放置在最后。

2. 单击“插入”选项卡→“表格”组→“数据透视表”下拉列表→“数据透视表”命令，打开“创建数据透视表”对话框。

3. 点击“表/区域”，选择 A2:E21 单元格区域，选择“现有工作表”，单击“位置”，选择 A23 单元格，如图 5-161 所示，单击“确定”。

	A	B	C	D	E
1			产品销售统计表		
2	销售分公司	产品名称	销售单价（元）	销售数量	销售金额
3	苏州	矿泉水	2		
4	重庆	口香糖	3.5		
5	深圳	方便面	5		
6	苏州	口香糖	4		
7	东莞	矿泉水	3		
8	东莞	口香糖	5.5		
9	苏州	火腿肠	2		
10	深圳	矿泉水	1.5		
11	苏州	瓜子	6		
12	武汉	矿泉水	3.5		
13	重庆	火腿肠	3		
14	深圳	口香糖	2.5		
15	武汉	瓜子	6		
16	东莞	火腿肠	2.5		
17	武汉	口香糖	3		
18	上海	方便面	6	420	2520
19	重庆	方便面	5.5	340	1870
20	上海	火腿肠	3.5	400	1400
21	上海	瓜子	6	390	2340

图 5-161　创建数据透视表

4. 对右侧“数据透视表字段列表”对话框进行相应设置，在“选择要添加到报表的字段”中选择“销售分公司”“产品名称”“销售金额”，然后在“在以下区域间拖动字段”进行字段位置的调整，“列标签”为“销售分公司”，“行标签”为“产品名称”，“数值”为“求和项：销售金额”，如图 5-162 所示。

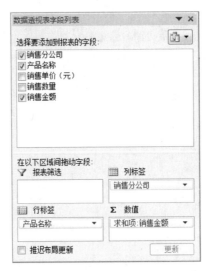

图 5-162　设置数据透视表字段列表

5. 完成设置后数据透视表的效果如图 5-163 所示。

图 5-163　数据透视表效果图

⑦ 数据保护。

1. 选定工作表"产品销售统计表"。

2. 单击"审阅"选项卡→"更改"组→"保护工作表"按钮，打开"保护工作表"对话框，设置保护项，输入密码，单击"确定"，再次输入密码，单击"确定"。

⑧ 保存。

将工作簿以"公司产品销售统计表"为名保存在桌面。

第 6 章 PowerPoint 2010 的使用

学习目的与要求

> ➢ 掌握 PowerPoint 2010 的创建、打开、关闭与保存
> ➢ 掌握 PowerPoint 2010 视图的使用，幻灯片版式的选用，幻灯片的插入、移动、复制和删除
> ➢ 掌握 PowerPoint 2010 幻灯片基本制作（文本、图片、艺术字、表格等插入及格式设置）
> ➢ 掌握 PowerPoint 2010 主题的选用和幻灯片背景设置
> ➢ 掌握 PowerPoint 2010 基本放映效果设计（动画设计、放映方式、切换效果）

6.1 PowerPoint 2010 的基本操作

PowerPoint 2010 是美国微软公司推出的幻灯片制作与播放软件，它能帮助用户以简单的可视化操作，快速创建具有精美外观和极富感染力的演示文稿，帮助用户图文并茂地表达自己的观点、传递信息等。

6.1.1 PowerPoint 2010 的启动与退出

（1）启动 PowerPoint 2010

首先启动 Windows，在 Windows 环境下启动 PowerPoint 2010。启动 PowerPoint 2010 有多种方法，常用的启动方法如下。

① 单击"开始"→"所有程序"→"Microsoft Office 2010"→"Microsoft PowerPoint 2010"命令。

② 双击桌面上的 PowerPoint 2010 程序图标。

③ 双击文件夹中的 PowerPoint 2010 演示文稿文件（其扩展名为.pptx），将启动 PowerPoint 2010，并打开该演示文稿。

用前两种方法，系统将启动 PowerPoint 2010，并在 PowerPoint 2010 窗口中自动生成一个名为"演示文稿 1"的空白演示文稿，如图 6-1 所示。

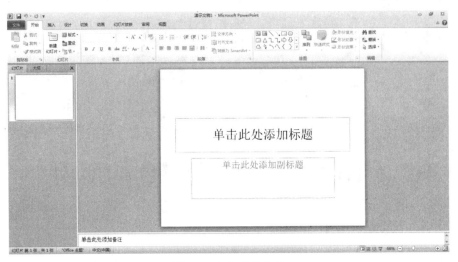

图 6-1　空白演示文稿

（2）退出 PowerPoint 2010

退出 PowerPoint 2010 的最简单方法是单击 PowerPoint 2010 窗口右上角的"关闭"按钮。也可以用如下方法之一退出。

① 双击窗口快速访问工具栏左端的控制菜单图标。

② 单击"文件"选项卡中的"退出"命令。

③ 按组合键【Alt+F4】。

图 6-2　退出对话框

退出时系统会弹出对话框，要求用户确认是否保存对演示文稿的编辑工作，如图 6-2 所示。选择"保存"则存盘退出，选择"不保存"则退出但不存盘。

6.1.2　PowerPoint 2010 工作窗口

正在编辑的 PowerPoint 2010 窗口如图 6-3 所示，工作界面由快速访问工具栏、标题栏、

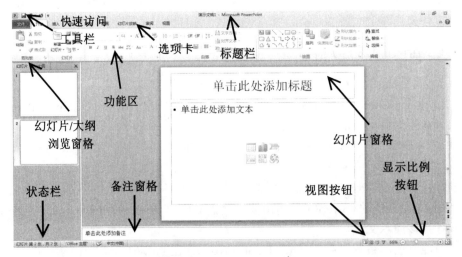

图 6-3　PowerPoint 2010 窗口

选项卡、功能区、幻灯片/大纲浏览窗格、幻灯片窗格、备注窗格、状态栏、视图按钮、显示比例按钮等部分组成。

（1）标题栏

标题栏显示当前文件名，右端有"最小化"按钮、"最大化/还原"按钮和"关闭"按钮，最左端有控制菜单图标，单击控制菜单图标可以打开控制菜单。控制菜单图标的右侧是快速访问工具栏。

（2）快速访问工具栏

快速访问工具栏位于标题栏左端，把常用的命令按钮放在此处，便于快速访问。通常有"保存""撤销"和"恢复"等按钮，需要时用户可以增加或更改。

（3）选项卡

标题栏下面是选项卡，通常有"文件""开始""插入"等 9 个不同类别的选项卡，不同选项卡包含不同类别的命令按钮组。单击某选项卡，将在功能区出现与该选项卡类别相应的多组操作命令供选择。例如，单击"文件"选项卡，可以在出现的菜单中选择"新建""保存""打印""打开"演示文稿等操作命令。

有的选项卡平时不出现，在某种特定条件下会自动显示，提供该情况下的命令按钮。这种选项卡称为"上下文选项卡"。例如，只有在幻灯片插入某一图片，然后选择该图片的情况下才会显示"图片工具-格式"选项卡。

（4）功能区

功能区用于显示与选项卡相应的命令按钮，一般对各种命令分组显示。例如，单击"开始"选项卡，其功能区将按"剪切板""幻灯片""字体""段落""绘图""编辑"等分组，分别显示各组操作命令。

（5）演示文稿编辑区

功能区下方的演示文稿编辑区分为三个部分：左侧的幻灯片/大纲浏览窗格、右侧上方的幻灯片窗格和右侧下方的备注窗格。拖动窗格之间的分界线可以调整各窗格的大小，以便满足编辑需要。幻灯片窗格显示当前幻灯片用户可以在此编辑幻灯片的内容。备注窗格中可以添加与幻灯片有关的注释内容。

① 幻灯片窗格　幻灯片窗格显示幻灯片的内容包括文本、图片、表格等各种对象。可以直接在该窗格中输入和编辑幻灯片内容。

② 备注窗格　对幻灯片的解释、说明等备注信息在此窗格中输入与编辑，供演讲者参考。

③ 幻灯片/大纲浏览窗格　幻灯片/大纲浏览窗格上方有"幻灯片"和"大纲"两个选项卡。单击窗格的"幻灯片"选项卡，可以显示各幻灯片缩略图，在"幻灯片"选项卡下，显示了 2 张幻灯片的缩略图，当前幻灯片是第一张幻灯片。单击某幻灯片缩略图，将立即在幻灯片窗格中显示该幻灯片。在这里还可以轻松地重新排列添加或删除幻灯片。在"大纲"选项卡中，可以显示各幻灯片的标题与正文信息。在幻灯片中编辑标题或正文信息时，大纲窗格也同步变化。

在"普通"视图下，这三个窗格同时显示在演示文稿编辑区，用户可以同时看到三个窗格的显示内容有利于从不同角度编排演示文稿。

（6）视图按钮

视图是当前演示文稿的不同显示方式。有普通视图、幻灯片浏览视图、幻灯片放映视图、阅读视图、备注页视图和母版视图等六种视图。例如普通视图下可以同时显示幻灯片窗格幻灯片/大纲浏览窗格和备注窗格，而幻灯片放映视图下可以放映当前演示文稿。

为了方便地切换各种不同视图，可以使用"视图"选项卡中的命令，也可以利用窗口底部右侧的视图按钮。视图按钮共有"普通视图""幻灯片浏览""阅读视图"和"幻灯片放映"四个按钮，单击某个按钮就可以方便地切换到相应视图。

（7）显示比例按钮

显示比例按钮位于视图按钮右侧，单击该按钮，可以在弹出的"显示比例"对话框中选择幻灯片的显示比例，拖动其右方的滑块，也可以调节显示比例，还可以按住"Ctrl+滚动鼠标滑轮"。

（8）状态栏

状态栏位于窗口底部左侧，在普通视图中主要显示当前幻灯片的序号、当前演示文档幻灯片的总数、采用的幻灯片主题和输入法等信息。在幻灯片浏览视图中，只显示当前视图、幻灯片主题和输入法。

6.1.3　打开与关闭演示文稿

（1）打开演示文稿

对已经存在的演示文稿，若要编辑或放映，必须先打开它。打开演示文稿的方法主要有三种。

① 以一般方式打开演示文稿　单击"文件"选项卡。在出现的菜单中选择"打开"命令，弹出"打开"对话框，如图 6-4 所示。在左侧窗格中选择存放目标演示义稿的文件夹，在右侧窗格列出的文件中选择要打开的演示文稿，或直接在下面的"文件名"栏的文本框中输入要打开的演示文稿文件名，然后单击"打开"按钮即可打开该演示文稿。

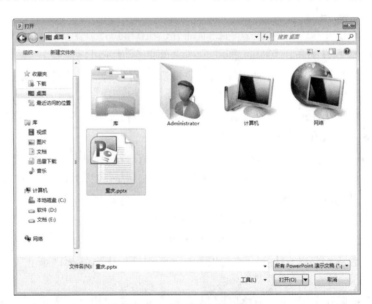

图 6-4　"打开"对话框

② 打开最近使用过的演示文稿　单击"文件"选项卡，在出现的菜单中选择"最近所用文件"命令，在"最近使用的演示文稿"列表中单击要打开的演示文稿。

③ 双击演示文稿文件方式打开　在没有启动 PowerPoint 2010 的情况下，可以快速启动

PowerPoint 2010 并打开指定演示文稿。在资源管理器中，找到目标演示文稿文件并双击它，即可启动 PowerPoint 2010 并打开该演示文稿。

（2）关闭演示文稿

完成了对演示文稿的编辑、保存或放映工作后，需要关闭演示文稿。常用的关闭演示文稿的方法有以下几种。

① 单击"文件"选项卡，在打开的"文件"菜单中选择"关闭" 命令，则关闭演示文稿，但不退出 PowerPoint 2010。

② 单击 PowerPoint 2010 窗口右上角的"关闭"按钮，则关闭演示文稿并退出 PowerPoint 2010。

③ 右击任务栏上 PowerPoint 2010 图标，在弹出的菜单中选择"关闭窗口"命令，则关闭演示文稿并退出 PowerPoint 2010。

6.2　制作简单演示文稿

6.2.1　创建演示文稿

创建演示文稿主要有如下几种方式：创建空白演示文稿，根据主题、模板和现有演示文稿创建等。

（1）创建空白演示文稿

创建空白演示文稿有两种方法：第一种是启动 PowerPoint 2010 时自动创建一个空白演示文稿；第二种方法是在 PowerPoint 2010 已经启动的情况下，单击"文件"选项卡，在出现的菜单中选择"新建"命令，在右侧"可用的模板和主题"中选择"空白演示文稿"，单击右侧的"创建"按钮即可，如图 6-5 所示。也可以直接双击"可用的模板和主题"中的"空白演示文稿"。

图 6-5　创建空白演示文稿

（2）使用主题创建演示文稿

单击"文件"选项卡，在出现的菜单中选择"新建"命令，在右侧"可用的模板和主题"

中选择"主题"，在随后出现的主题列表中选择一个主题，并单击右侧的"创建"按钮即可，如图6-6所示，也可以直接双击主题列表中的某主题。

图6-6　创建主题演示文稿

（3）用模板创建演示文稿

单击"文件"选项卡，在出现的菜单中选择"新建"命令，在右侧"可用的模板和主题"中选择"样本模板"，在随后出现的模板列表中选择一个模板，并单击右侧的"创建按钮"即可，也可以直接双击模板列表中所选模板。如图6-7所示。预设的模板有限，如果"样本模板"中没有符合要求的模板，也可以在Office.com网站下载。

图6-7　创建模板演示文稿

6.2.2　编辑幻灯片中的文本信息

演示文稿由若干幻灯片组成，幻灯片根据需要可以出现文本、图片、表格等表现形式。文本是最基本的表现形式，也是演示文稿的基础。因此，掌握文本的输入、删除、插入、修改等编辑操作十分重要。

（1）输入文本

当建立空白演示文稿时，系统自动生成一张标题幻灯片，其中包括两个虚线框，框中有提示文字，这个虚线框称为占位符，如图 6-1 所示。占位符是预先安排的对象插入区域，对象可以是文本、图片、表格等，单击不同占位符即可插入相应的对象。标题幻灯片的两个占位符都是文本占位符。单击占位符，提示文字消失出现闪动的插入点，直接输入所需文本。默认情况下会自动换行，所以只有开始新段落时，才需要按"Enter"键。

文本占位符是预先安排的文本插入区域，若希望在其它区域增添文本内容，可以在适当位置插入文本框并在其中输入文本。方法是单击"插入"选项卡"文本"组的"文本框"按钮，在出现的下拉列表中选择"横排文本框"或"垂直文本框"，鼠标指针呈十字状。然后将指针移到目标位置，按左键拖动出合适大小的文本框。与占位符不同，文本框中没有出现提示文字，只有闪动的插入点，在文本框中输入所需文本。

（2）选择文本

要对某文本进行编辑，必须先选择该文本。根据需要可以选取整个文本框、整段文本或部分文本。

选择整个文本框：单击文本框中任意位置，出现虚线框，再单击虚线框，则变成实线框，此时表示选中整个文本框。单击文本框外的位置，即可取消选中状态。

选择整段文本：单击该段文本中任意位置，然后三击鼠标左键，即可选中该段文本，选中的文本反相显示。

选择部分文本：按左键从文本的第一个字符拖动鼠标到文本的最后一个字符，放开鼠标左键，这部分文本反向显示，表示被选中。

（3）替换原有文本

选择要替换的文本，使其反向显示后直接输入新文本。也可以在选择要替换的文本后按删除键，将其删除，然后再输入所需文本。

（4）插入与删除文本

① 插入文本　单击插入位置，然后输入要插入的文本，新文本将插到当前插入点位置。

② 删除文本　选择要删除的文本使其反向显示，然后按"Delete"键删除。此外，还可以采用"清除"命令。

（5）移动与复制文本

首先选择要移动（复制）的文本，然后鼠标指针移到该文本上并按住"Ctrl"键把它拖到目标位置，就可以实现移动（复制）操作。当然，也可以采用剪切（复制）和粘贴的方法实现。

6.2.3　在演示文稿中增加和删除幻灯片

通常演示文稿由若干张幻灯片组成，创建空白演示文稿时，自动生成一张空白幻灯片，当一张幻灯片编辑完成后，还需要继续制作下一张幻灯片，此时需要增加新幻灯片。在已经存在的演示文稿中，有时需要增加若干幻灯片以加强某个观点的表达，而对某些不再需要的幻灯片则希望删除它，因此，必须掌握增加或删除幻灯片的方法。要增加或删除幻灯片，必须先选择幻灯片，使之成为当前操作的对象。

（1）选择幻灯片

若要插入新幻灯片，首先确定当前幻灯片，它代表插入位置，新幻灯片将插在当前幻灯片后面。若删除幻灯片或编辑幻灯片，则先选择目标幻灯片，使其成为当前幻灯片，然后再执行删除或编辑操作。

① 选择一张幻灯片　在"幻灯片/大纲浏览"窗格单击所选幻灯片缩略图。若目标幻灯片缩略图未出现，可以拖动"幻灯片/大纲浏览"窗格的滚动条的滑块，寻找、定位目标幻灯片缩略图后单击它。

② 选择多张相邻幻灯片　在"幻灯片/大纲浏览"窗格单击所选第一张幻灯片缩略图，然后按住"Shift"键，并单击所选最后一张幻灯片缩略图，则所有的幻灯片均被选中。

③ 选择多张不相邻幻灯片　在"幻灯片/大纲浏览"窗格，按住"Ctrl"键，并逐个单击要选择的幻灯片缩略图。

（2）插入幻灯片

① 插入新幻灯片　在"幻灯片/大纲浏览"窗格选择目标幻灯片缩略图，然后在"开始"选项卡下单击"幻灯片"组的"新建幻灯片"下拉按钮，从出现的幻灯片版式列表中选择一种版式，则在当前幻灯片后出现新插入的指定版式幻灯片。

② 插入当前幻灯片的副本　在"幻灯片/大纲浏览"窗格中选择目标幻灯片缩略图，然后在"开始"选项卡下单击"幻灯片"组的"新建幻灯片"下拉按钮，从出现的列表中单击"复制所选幻灯片"命令。

（3）删除幻灯片

在"幻灯片/大纲浏览"窗格中选择目标幻灯片缩略图，然后按"Delete"键删除。也可以右击目标幻灯片缩略图，在出现的菜单中选择"删除幻灯片"命令。若删除多张幻灯片，先选择要删除的幻灯片，然后按"Delete"键删除。

6.2.4　保存演示文稿

演示文稿可以保存在原位置，也可以保存在其它位置。既可以保存为 PowerPoint 2010 格式（.pptx），又可以保存为 97-2003 格式（.ppt），以便于未安装 PowerPoint 2010 的用户使用。

（1）保存在原位置

① 演示文稿制作完成后通常保存演示文稿的方法是单击快速访问工具栏的"保存"按钮，若是第一次保存，将出现如图 6-8 所示的"另存为"对话框。否则不会出现该对话框，直接按原路径及文件名存盘。

图 6-8　"另存为"对话框

② 在"另存为"对话框左侧选择保存位置，在下方"文件名"栏中输入演示文稿文件名，单击"保存类型"栏的下拉按钮，从下拉列表中选择"PowerPoint 演示文稿（*.pptx）"，也可以根据需要选择其它类型。

③ 单击"保存"按钮。

④ 按组合键【Ctrl+S】保存。

（2）保存在其它位置或重命名保存

对已存在的演示文稿，希望它存放在另一位置，可以单击"文件"选项卡，在下拉菜单中选择"另存为"命令，出现"另存为"对话框，然后按上述操作确定保存位置，再单击 "保存"按钮。这样演示文稿用原名保存在另一指定位置。 若需要重命名保存，仅需在"文件名"栏输入新文件名后，单击"保存"按钮。

6.2.5　打印演示文稿

若需要打印演示文稿，可以采用以下步骤：

（1）打开演示文稿，单击"文件"选项卡，在下拉菜单中选择"打印"命令，右侧各选项可以设置打印份数、打印范围、打印版式、打印顺序等。如图 6-9 所示。

图 6-9　打印设置

（2）在"打印"栏输入打印份数，在"打印机"栏中选择当前要使用的打印机。

（3）从"设置"栏开始从上至下分别确定打印范围、打印版式、打印顺序和彩色/灰度打印等。单击"设置"栏右侧的下拉按钮，在出现的列表中选择"打印全部幻灯片""打印所选幻灯片""打印当前幻灯片"或"自定义范围"。

（4）在"设置"栏的下一项，设置打印版式（整页幻灯片、备注页或大纲）或打印讲义的方式（1 张幻灯片、2 张幻灯片、3 张幻灯片、4 张幻灯片等）。单击右侧的下拉按钮，在出现的版式列表或讲义打印方式中选择一种。

（5）下一项用来设置打印顺序，如果打印多份演示文稿，有两种打印顺序："调整"和"取消排序"。"调整"是指打印一份完整的演示文稿后再打印下一份；"取消排序"则表示打印各份演示文稿的第一张幻灯片后再打印各份演示文稿的第二张幻片。

（6）设置打印顺序栏的下方用来设置打印方向。单击它可选择"横向"或"纵向"。

（7）"设置"栏的最后一项可以设置彩色打印、黑白打印和灰度打印。单击该项下拉按钮，在出现的列表中选择"颜色""纯黑白"或"灰度"。

（8）设置完成后，单击"打印"按钮。

单击"打印机"栏下方的"打印机属性"按钮，出现"文档属性"对话框，在"纸张/质量"选项卡中单击"高级"按钮，出现"高级选项"对话框，在"纸张规格"栏可以设置纸张的大小。在"布局"选项卡的"方向"栏也可以选择打印方向。

6.3 演示文稿的显示视图

PowerPoint 2010 中有六种视图：普通视图、幻灯片浏览视图、阅读视图、备注页视图、幻灯片放映视图和母版视图。

切换视图的常用方法有两种：采用功能区命令和单击"视图"按钮。

（1）功能区命令

打开"视图"选项卡，在"演示文稿视图"组中有普通视图、幻灯片浏览视图、备注页视图和阅读视图命令按钮。单击所需的视图，即可切换到相应视图如图 6-10 所示。

（2）视图按钮

在 PowerPoint 2010 窗口底部有普通视图、幻灯片浏览视图、阅读视图和幻灯片放映视图，单击所需的视图按钮就可以切换到相应的视图。

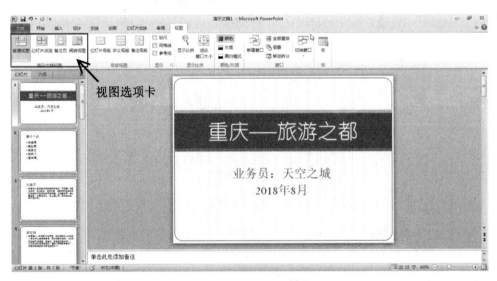

图 6-10 "视图"选项卡

6.3.1 视图

（1）普通视图

打开"视图"选项卡，单击"演示文稿视图"组的"普通视图"命令按钮，切换到普通视图，如图 6-10 所示。普通视图是创建演示文稿的默认视图。在普通视图下，窗口由三个窗格组成：左侧的"幻灯片浏览/大纲"窗格、右侧上方的"幻灯片"窗格和右侧下方的"备注"窗格。可以同时显示演示文稿的幻灯片缩略图（或大纲）幻灯片和备注内容，如图 6-10 所示。

一般普通视图下"幻灯片"窗格面积较大，但显示的三个窗格大小是可以调节的，方法是拖动两部分之间的分界线即可。若将"幻灯片"窗格尽量调大，此时幻灯片上的细节一览无余，最适合编辑幻灯片，如插入对象、修改文本等。

（2）幻灯片浏览视图

单击窗口底部的"幻灯片浏览视图"按钮，即可进入幻灯片浏览视图，如图 6-11 所示。在幻灯片浏览视图中，一个屏可显示多张幻灯片编略图，可以直观地观察演示文稿的整体外观，便于进行多张幻灯片顺序的编排、复制、移动、插入和删除等操作。

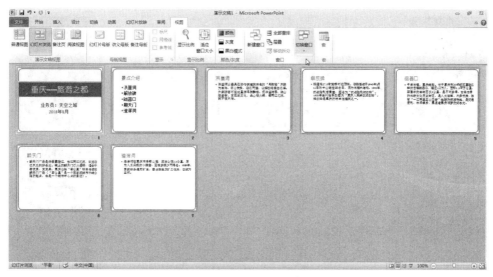

图 6-11 "幻灯片浏览"视图

（3）备注页视图

在"视图"选项卡中单击"备注页"命令按钮，进入备注页视图。在此视图下显示一张幻灯片及其下方的备注页。用户可以输入或编辑备注页的内容。如图 6-12 所示。

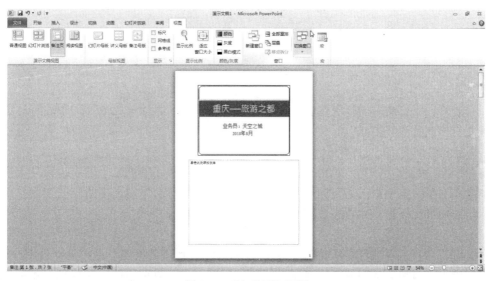

图 6-12 "备注页"视图

（4）阅读视图

在"视图"选项卡中单击"演示文稿视图"组的"阅读视图"按钮，切换到阅读视图。在阅读视图下，只保留幻灯片窗格标题栏和状态栏，其它编辑功能被屏蔽，目的是幻灯片制作完成后的简单放映浏览。通常是从当前幻灯片开始放映，单击可以切换到下一张幻灯片，直到放映最后一张幻灯片后退出阅读视图。放映过程中随时可以按"Esc"键退出阅读视图，也可以单击状态栏右侧的其它视图按钮，退出阅读视图并切换到相应视图。如图 6-13 所示。

图 6-13 "阅读"视图

（5）幻灯片放映视图

在"幻灯片放映"选项卡中单击"开始放映幻灯片"组的"从头开始"命令按钮，就可以从演示文稿的第一张幻灯片开始放映，也可以选择"从当前幻灯片开始"命令，从当前幻灯片开始放映。另外，单击窗口底部"幻灯片放映"视图按钮，也可以从当前幻灯片开始放映。在幻灯片放映视图下，单击鼠标左键，可以从当前幻灯片切换到下一张幻灯片，直到放映完毕。

6.3.2 普通视图下的操作

在普通视图下，主要操作有选择、移动、复制、插入、删除、缩放（对图片等对象）以及设置文本格式和对齐方式等。

（1）选择操作

要操作某个对象，首先要选中它，方法是将鼠标指针移动到对象上，当指针呈十字箭头时，单击该对象。选中后，该对象周围出现控点。若要选择文本对象中的某些文字，单击文本对象，其周围出现控点后再在目标文字上拖动，使之反向显示。

（2）移动和复制操作

首先选择要移动（复制）的对象，然后鼠标指针移到该对象上，并按住"Ctrl"键把它拖到目标位置，就可以实现移动（复制）操作。当然，也可以采用剪切（复制）和粘贴的方法实现。

（3）删除操作

选择要删除的对象，然后按"Delete"键删除。

（4）改变对象的大小

当对象（如图片）的大小不合适时，可以先选择该对象，当其周围出现控点时，将鼠标指针移到边框的控点上并拖动，拖动左右（上下）边框的控点可以在水平（垂直）方向缩放。若拖动四个角之一的控点，会在水平和垂直两个方向同时进行缩放。

（5）编辑文本对象

新建一张幻灯片并选择一种版式后，该幻灯片上出现占位符。用户单击文本占位符并输入文本信息。若要在幻灯片非占位符位置另外增加文本对象，可以单击"插入"选项卡"文本"组的"文本框"命令，在下拉列表中选择"横排文本框"或"垂直文本框"，鼠标指针呈十字形，指针移到目标位置，按左键向右下方拖动出大小合适的文本框，然后在其中输入文本。这个文本框可以移动、复制，也可以删除。若要对已经存在的文本框中的文字进行编辑，先选中该文本框，然后单击插入位置，并输入文本即可。若要删除信息，则先选择要删除的文本，然后按删除键。

（6）调整文本格式

① 字体、字体大小、字体样式和字体颜色　选择文本后单击"开始"选项卡"字体"组的字体工具的下拉按钮，在出现的下拉列表中选择要设置的字体。单击"字号"工具的下拉按钮，在出现的下拉列表中选择要设置的字号。单击"字体样式"按钮，在出现的下拉列表中选择要设置的字体样式。关于字体颜色的设置，可以单击"字体颜色"工具的下拉按钮，在"颜色"下拉列表中选择所需颜色。如对颜色列表中的颜色不满意，也可以自定义颜色。单击"颜色"下拉列表中的"其他颜色"命令，出现"颜色"对话框，如图 6-14 所示。

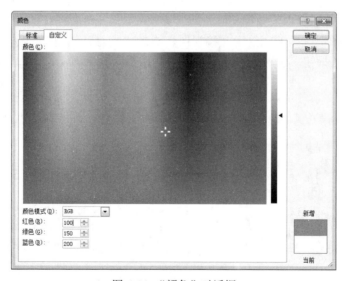

图 6-14　"颜色"对话框

若需要其它更多字体格式命令，可以选择文本后单击"字体"组右下角"字体"按钮，将出现"字体"对话框，根据需要设置各种文本格式，如图 6-15 所示。使用"字体"对话框可以更精细地设置字体格式。

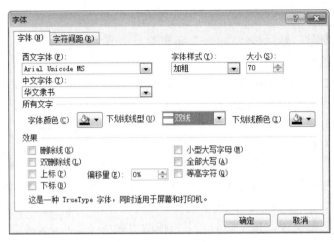

图 6-15 "字体"对话框

② 文本对齐 文本有多种对齐方式，如左对齐、右对齐、居中两端对齐和分散对齐等。若要改变文本的对齐方式，可以先选择文本，然后单击"开始"选项卡"段落"组的相应命令，同样也可以单击"段落"组右下角的"段落"按钮，在出现的"段落"对话框中更多地设置及落格式。

6.3.3 幻灯片浏览视图下的操作

幻灯片浏览视图可以同时显示多张幻灯片的缩略图，因此，利用它可以进行重排幻灯片的顺序、移动、复制插入和删除多张幻灯片等操作。

（1）选择幻灯片

在幻灯片浏览视图下，窗口中以缩略图方式显示全部幻灯片，而且缩略图的大小可以调节。选择幻灯片的方法有以下几种。

① 单击"视图"选项卡"演示文稿视图"组的"幻灯片浏览"命令，或单击窗口底部"幻灯片浏览"视图按钮，进入幻灯片浏览视图，如图 6-16 所示。

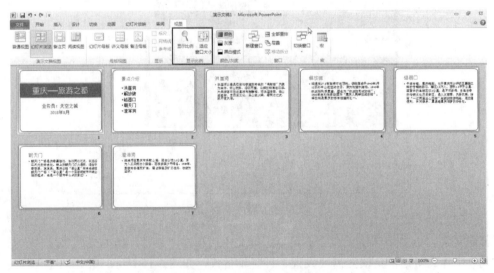

图 6-16 "幻灯片浏览"视图

② 利用滚动条或"PgUp"或"PgDn"键滚动屏幕，寻找目标幻灯片缩略图。单击目标幻灯片缩略图，该幻灯片缩略图的四周出现黄框，表示选中该幻灯片，如图 6-16 所示，1 号幻灯片被选中。

若想选择连续的多张幻灯片，可以先单击其中第一张幻灯片缩略图，然后按住"Shift"键单击其中的最后一张幻灯片缩略图，则这些连续的多张幻灯片均出现黄框，表示它们均被选中。若想选择不连续的多张幻灯片，可以按住"Ctrl"键并逐个单击要选择的幻灯片缩略图。

（2）缩放幻灯片缩略图

在幻灯片浏览视图下，幻灯片通常以 66%的比例显示，所以称为幻灯片缩略图。在幻灯片浏览视图下单击"视图"选项卡"显示比例"组的"显示比例"命令，出现"显示比例"对话框后进行设置，如图 6-17 所示。

（3）重排幻灯片的顺序

① 在幻灯片浏览视图下选择需要移动位置的幻灯片缩略图，按鼠标左键拖动幻灯片缩略图到目标位置，当目标位置出现一条竖线时，松开鼠标左键，所选幻灯片缩略图移到该位置。移动时出现的竖线表示当前位置。

图 6-17　"显示比例"对话框

② 选择需要移动位置的幻灯片缩略图，单击"开始"选项卡"剪贴板"组的"剪切"命令。单击目标位置，该位置出现竖线。单击"开始"选项卡"剪贴板"组的"粘贴"按钮，将所选幻灯片缩略图移到该位置。

（4）插入幻灯片

① 插入一张新幻灯片

a．在幻灯片浏览视图下单击目标位置，该位置出现竖线。

b．单击"开始"选项卡"幻灯片"组的"新建幻灯片"命令，在出现的幻灯片版式列表中选择一种版式后，该位置出现所选版式的新幻灯片。

② 插入来自其它演示文稿文件的幻灯片　如果需要插入其它演示文稿的幻灯片，可以采用"重用幻灯片"功能。

a．在幻灯片浏览视图下单击当前演示文稿的目标插入位置，该位置出现竖线。

b．单击"开始"选项卡"幻灯片"组的"新建幻灯片"命令，在出现的列表中选择"重用幻灯片"命令。右侧出现"重用幻灯片"窗格。

c．单击"重用幻灯片"窗格的"浏览"按钮，并选择"浏览文件"命令。在出现的"浏览"对话框中选择要插入幻灯片所属的演示文稿并单击"打开"按钮。此时"重用幻灯片"窗格中出现该演示文稿的全部幻灯片。如图 6-18 所示。

d．单击"重用幻灯片"窗格中某幻灯片，则该幻灯片被插入到当前演示文稿的插入位置。

（5）删除幻灯片

在编辑演示文稿的过程中可能会删除不需要的幻灯片。删除幻灯片的方法是：首先选择要删除的一张或多张幻灯片，然后按"Delete"键删除。

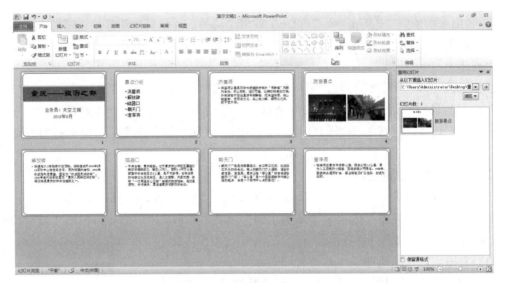

图 6-18　"重用幻灯片"窗格

6.4　修饰幻灯片的外观

采用应用主题样式和设置幻灯片背景等方法可以使所有幻灯片具有一致的外观。

6.4.1　应用主题统一演示文稿的风格

打开演示文稿，单击"设计"选项卡，"主题"组显示了部分主题列表，单击主题列表右下角"其他"按钮就可以显示全部内置主题供选择，如图 6-19 所示。若只想用该主题修饰部分幻灯片，可以选择幻灯片后右击该主题，在出现的快捷菜单中，选择"应用于选定幻灯片"命令，所选幻灯片按该主题效果自动更新，其它幻灯片不变。若选择"应用于所有幻灯片"命令，则整个演示文稿均采用所选主题。

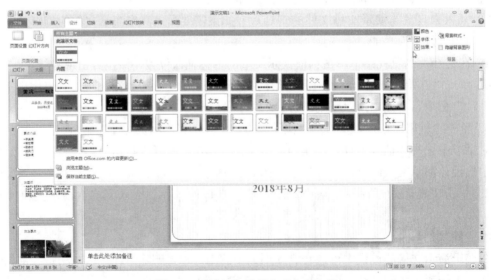

图 6-19　"设计"选项卡"主题"组

6.4.2　幻灯片背景的设置

幻灯片的背景对幻灯片放映的效果起重要作用，为此，可以对幻灯片背景的颜色、图案和纹理等进行调整。

（1）**改变背景样式**

打开演示文稿，单击"设计"选项卡"背景"组的"背景样式"命令，则显示当前主题12 种背景样式列表，如图 6-20 所示。从背景样式列表中选择一种满意的背景样式，则演示文稿全体幻灯片均采用该背景样式。若只希望改变部分幻灯片的背景，则先选择幻灯片，然后右击背景样式，在出现的快捷菜单中选择"应用于所选幻灯片"命令，则选定的幻灯片采用该背景样式，而其它幻灯片不变。

（2）**设置背景格式**

可以自己设置背景格式，有四种方式：改变背景颜色、图案填充、纹理填充和图片填充。

① 改变背景颜色　改变背景颜色有"纯色填充"和"渐变填充"两种方式。"纯色填充"是选择单一颜色填充背景，而"渐变填充"是将两种或更多种填充颜色逐渐混合在一起，以某种渐变方式从一种颜色逐渐过渡到另一种颜色。

图 6-20　背景样式

a. 单击"设计"选项卡"背景"组的"背景样式"命令，在出现的快捷菜单中选择"设置背景格式"命令，弹出"设置背景格式"对话框。也可以单击"设计"选项卡"背景"组右下角的"设置背景格式"按钮，也能显示"设置背景格式"对话框。如图 6-21 所示。

b. 单击"设置背景格式"对话框左侧的"填充"项，右侧提供两种背景颜色填充方式："纯色填充"和"渐变填充"。

选择"纯色填充" 单选框，单击"颜色"栏下拉按钮，在下拉列表颜色中选择背景填充颜色。拖动"透明度"滑块，可以改变颜色的透明度。

选择"渐变填充"单选框，可以直接选择系统预设颜色填充背景，也可以自定义渐变颜色。

图 6-21 "设置背景格式"对话框

c. 单击"关闭"按钮，则所选背景颜色作用于当前幻灯片；若单击"全部应用"按钮，则改变所有幻灯片的背景；若选择"重置背景"按钮，则取消本次设置，恢复设置前状态。

② 图案填充

a. 单击"设计"选项卡"背景"组右下角的"设置背景格式"按钮，弹出"设置背景格式"对话框。

b. 单击对话框左侧的"填充"项，右侧选择"图案填充"单选框，在出现的图案列表中选择所需图案。通过"前景色"和"背景色"栏可以自定义图案的前景色和背景色。

c. 单击"关闭"（或"全部应用"）按钮。

③ 纹理填充

a. 单击"设计"选项卡"背景"组的"背景样式"命令，在出现的快捷菜单中选择"设置背景格式"命令，弹出"设置背景格式"对话框。

b. 单击对话框左侧的"填充"项，右侧选择"图片或纹理填充"单选框，单击"纹理"下拉按钮，在出现的各种纹理列表中选择所需纹理。

c. 单击"关闭"或"全部应用"按钮。

④ 图片填充

a. 单击"设计"选项卡"背景"组右下角的"设置背景格式"按钮，弹出"设置背景格式"对话框。

b. 单击对话框左侧的"填充"项，右侧选择"图片或纹理填充"单选框，在"插入图片来自"栏单击"文件"按钮，在弹出的"插入图片"对话框中选择所需图片文件，并单击"插入"按钮，回到"设置背景格式"对话框。

c. 单击"关闭"或"全部应用"按钮，则所选图片成为幻灯片背景。

6.5 插入图片、形状、艺术字、超链接和音频（视频）

PowerPoint 2010 演示文稿中不仅包含文本，还可以插入剪贴画、图片、形状、艺术字、超链接和音频等，通过多种手段增强演示文稿的展示效果。

6.5.1 插入剪贴画、图片

插入剪贴画、图片有两种方式，第一种是采用功能区命令，另一种是单击幻灯片内容区占位符中剪贴画或图片的图标。

以插入剪贴画为例，说明占位符方式。插入新幻灯片并选择"标题和内容"版式或其它具有内容区占位符的版式，如图 6-22 所示。单击内容区"剪贴画"图标，右侧出现"剪贴画"窗格，搜索剪贴画并插入。

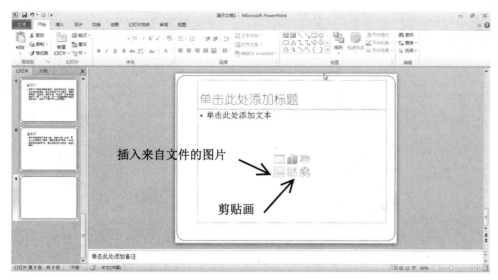

图 6-22　内容区占位符

（1）插入剪贴画

① 单击"插入"选项卡"图像"组的"剪贴画"命令，右侧出现"剪贴画"窗格，如图 6-23 所示。

② 在"剪贴画"窗格中单击"搜索"按钮，下方出现各种剪贴画，从中选择合适的剪贴画。

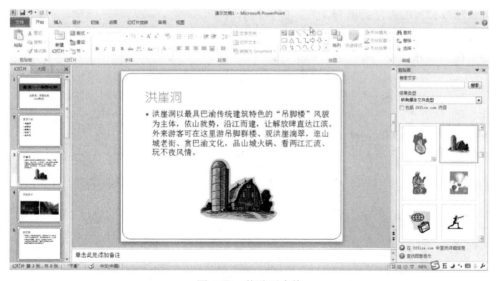

图 6-23　剪贴画窗格

③ 单击剪贴画右侧按钮或右击选中的剪贴画，在出现的快捷菜单中选择"插入"命令，则该剪贴画被插入到幻灯片中，调整剪贴画大小和位置。

（2）插入以文件形式存在的图片

① 单击"插入"选项卡"图像"组的"图片"命令，出现"插入图片"对话框。如图 6-24 所示。

图 6-24　插入图片对话框

② 在对话框左侧选择存放目标图片文件的文件夹，在右侧该文件夹中选择图片文件，然后单击"插入"按钮，该图片插入到当前幻灯片中。

（3）调整图片的大小和位置

调节图片大小的方法：选择图片，按左键并拖动左右（上下）边框的控点可以在水平（垂直）方向缩放。若拖动四角之一的控点，会在水平和垂直两个方向同时进行缩放。

调节图片位置的方法：选择图片，鼠标指针移到图片上，按左键并拖动，可以将该图片定位到目标位置。

（4）旋转图片

① 手动旋转图片　单击要旋转的图片，四周出现控点时拖动上方绿色控点即可随意旋转图片。如图 6-25 所示。

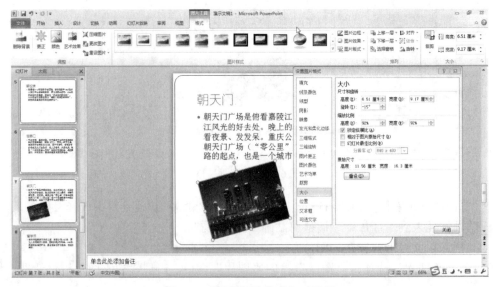

图 6-25　"设置图片格式"对话框

② 精确旋转图片　选择图片，在"图片工具-格式"选项卡"排列"组单击"旋转"按钮，在下拉列表中选择"向右旋转 90°"，可以顺时针旋转 90°。也可以选择"垂直翻转"（"水平旋转"）。

（5）用图片样式美化图片

选择幻灯片并单击要美化的图片，在"图片工具-格式"选项卡"图片样式"组中显示若干图片样式列表，如图 6-25 所示。单击样式列表右下角的"其他"按钮，会弹出包括 28 种图片样式的列表，从中选择一种，如"剪裁对角线，白色"。随后可以看到图片效果发生了变化，如图 6-26 所示。

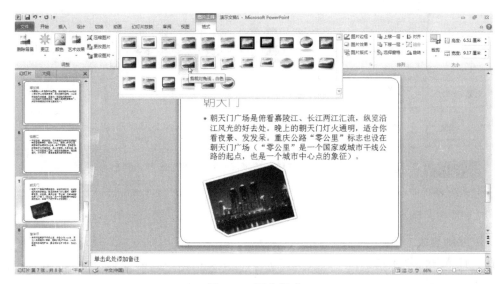

图 6-26　图片样式

（6）为图片增加阴影、映像、发光等特定效果

系统提供 12 种预设效果，还可自定义图片效果。

① 使用预设效果　选择要设置效果的图片，单击"图片工具→格式"选项卡"图片样式"组的"图片效果"按钮，在出现的下拉列表中鼠标移至"预设"项，显示 12 种预设效果，从中选择一种（如："预设 12"）。

② 自定义图片效果　若不想使用预设效果，还可自己对图片的阴影、映像、发光、柔化边缘、棱台、三维旋转等六个方面进行适当设置。以设置图片阴影、棱台和三维旋转效果为例，其它效果设置类似。

首先选择要设置效果的图片，单击"图片工具→格式"选项卡"图片样式"组的"图片效果"的下拉按钮，在展开的下拉列表中将鼠标移至"阴影"项，在出现的阴影列表中将单击"左上对角透视"项。单击"图片效果"的下拉按钮，在展开的下拉列表中将鼠标移至"棱台"项，在出现的棱台列表中单击"圆"项。再次单击"图片效果"的下拉按钮，在展开的下拉列表中将鼠标移至"三维旋转"项，在出现的三维旋转列表中单击"高轴 1 右"项。

6.5.2　插入形状

形状是系统事先提供的一组基础图形，有的可以直接使用，有的稍加组合即可更有效地表达某种观点和想法。可用的形状包括：线条、基本几何形状、箭头、公式形状、流程图形状、星与旗帜、标注和动作按钮。

　　以线条矩形和椭圆为例，说明形状的绘制、移动（复制）和格式化的基本方法。插入形状有两个途径：在"插入"选项"插图"组单击"形状"命令或者在"开始"选项卡"绘图"组单击"形状"列表右下角"其他"按钮，就会出现各类形状的列表，如图6-27所示。

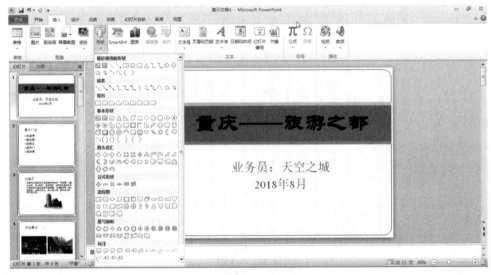

图6-27　形状列表

（1）绘制直线

　　在"插入"选项卡"插图"组单击"形状"命令，在出现的形状下拉列表中单击"直线"命令。鼠标指针呈十字形。鼠标指针移到幻灯片上直线开始点，按鼠标左键拖动到直线终点。

　　若按住"Shift"键可以画特定方向的直线，例如水平线和垂直线。只能以45°的倍数改变直线方向，例如画0°（水平线）、45°、90°（垂直线）等直线，如图6-28所示。

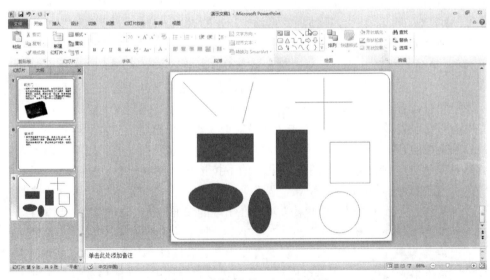

图6-28　绘制直线、矩形和椭圆

若选择"箭头"命令，则按以上步骤可以绘制带箭头的直线。

单击直线，直线两端出现控点。鼠标指针移到直线的一个控点，鼠标指针变成双向箭头，拖动控点，就可以改变直线的长度和方向。

鼠标指针移到直线上，鼠标指针呈十字形，按住"Ctrl"键拖动鼠标就可以移动（复制）直线。

（2）绘制矩形（椭圆）

① 在"开始"选项卡"绘图"组单击"形状"列表右下角"其他"按钮，出现各类形状的列表。在形状列表中单击"矩形"（"椭圆"）命令。鼠标指针呈十字形。

② 鼠标指针移到幻灯片上某点，按鼠标左健，可拖出一个矩形（椭圆）。向不同方向指动，给制的矩形（椭圆）也不同。如图 6-28 所示。

③ 鼠标指针移到矩形（椭圆）周围的控点上，鼠标指针变成双向前头，拖动控点，就可以改变矩形（椭圆）的大小和形状。拖动绿色控点，可以旋转矩形（椭圆）。

若按"shift"键拖动鼠标可以画出标准正方形（标准正圆）。

（3）在形状中添加文本

右击形状，在弹出的快捷菜单中单击"编辑文字"命令，形状中出现光标，输入文字。

（4）移动（复制）形状

① 单击要移动（复制）的形状，其周围出现控点，表示被选中。

② 鼠标指针移到形状边框或其内部，使鼠标指针呈十字形状，按住"Ctrl"键拖动鼠标到目标位置，则该形状移（复制）到目标位置。

（5）旋转形状

单击要旋转的形状，形状四周出现控点，拖动上方绿色控点即可随意旋转形状。实现精确旋转形状的方法同图片旋转的方法类似。

（6）更改形状

选择要更改的形状（如：矩形），在"绘图工具→格式"选项卡"插入形状"组单击"编辑形状"命令，在展开的下拉列表中选择"更改形状"，然后在弹出的形状列表中单击要更改的目标形状（如：圆角矩形）。

（7）组合形状

把多个形状组合成一个形状，称为形状的组合；将组合形状恢复为组合前状态，称为取消组合。

组合多个形状的方法如下：

① 选择要组合的各形状，按住"Shift"键并依次单击要组合的每个形状，使每个形状周围出现控点。

② 单击"绘图工具→格式"选项卡"排列"组的"组合"按钮，并在出现的下拉列表中选择"组合"命令。此时，这些形状已经成为一个整体。如图 6-29 所示。

组合形状可以作为一个整体进行移动、复制和改变大小等操作。如果想取消组合，则首先选中组合形状，然后再单击"绘图工具→格式"选项卡"排列"组的"组合"按钮，并在出现的下拉列表中选择"取消组合"命令。此时，组合形状又恢复为组合前的几个独立形状。

（8）格式化形状

套用系统提供的形状样式可以快速美化形状，也可以对样式进行调整，以适合自己的需

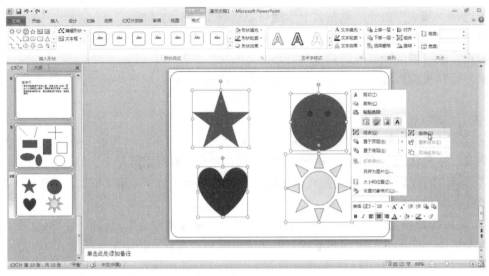

图 6-29　组合形状

要。例如线条的线型（实或虚线、粗细）、颜色等，封闭形状内部填充颜色、纹理、图片等，还有形状的阴影、映像、发光、柔化边缘、棱台、三维旋转六个方面的形状效果。

① 套用形状样式　首先选择要套用样式的形状，然后再单击"绘图工具→格式"选项卡"形状样式"组形状样式列表右下角的"其他"命令，出现下拉列表，其中提供了 42 种样式供选择，选择其中一个样式，则形状按所选样式发生变化。

② 自定义形状线条的线型和颜色　选择形状，然后单击"绘图工具→格式"选项卡"形状样式"组"形状轮廓"的下拉按钮，在出现的下拉列表中，可以修改线条的颜色、粗细、实线或虚线等，也可以取消形状的轮廓线。

③ 设置封闭形状的填充色和填充效果　对封闭形状，可以在其内部填充指定的颜色，还可以利用渐变、纹理、图片来填充形状。选择要填充的封闭形状单击"绘图工具→格式"选项卡"形状样式"组"形状填充"的下拉按钮，在出现的下拉列表中可以设置形状内部填充的颜色，也可以用渐变、纹理、图片来填充形状。

④ 设置形状的效果　选择要设置效果的形状，在"绘图工具→格式"选项卡"形状样式"组单击"形状效果"按钮，在出现的下拉列表中鼠标移至"预设"项，从显示的 12 种预设效果中选择一种。

6.5.3　插入艺术字

艺术字具有美观有趣、突出显示、醒目张扬等特性，特别适合重要的、需要突出显示、特别强调等文字表现场合。在幻灯片中既可以创建艺术字，也可以将现有文本转换成艺术字。

（1）创建艺术字

创建艺术字的步骤如下：

① 选中要插入艺术字的幻灯片。

② 单击"插入"选项卡"文本"组中"艺术字"按钮，出现艺术字样式列表，如图 6-30 所示。

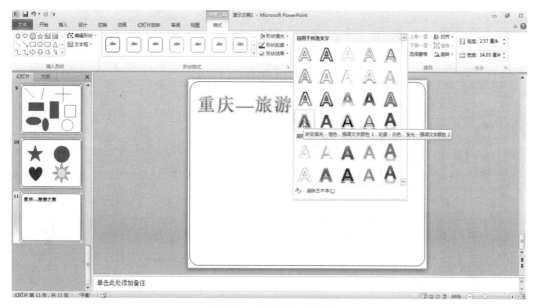

图 6-30　艺术字样式列表

③ 在艺术字样式列表中选择一种艺术字样式，出现指定样式的艺术字样式，出现指定样式的艺术字编辑框，其中内容为"请在此放置您的文字"，在艺术字编辑框中删除原有文本并输入艺术字文本。可以改变艺术字的字体和字号。

（2）修饰艺术字的效果

① 改变艺术字填充颜色　选择艺术字，在"绘图工具→格式"选项卡"艺术字样式"组单击"文本填充"按钮，在出现的下拉列表中选择一种颜色，则艺术字内部用该颜色填充。也可以选择用渐变、图片或纹理填充艺术字。选择列表中的"渐变"命令，在出现的渐变列表中选择一种变体渐变。选择列表中的"图片"命令，则出现"插入图片"对话框，选择图片后用该图片填充艺术字。选择列表中的"纹理"命令，则出现各种纹理列表，从中选择一种，即可用该纹理填充艺术字。

② 改变艺术字轮廓　选择艺术字，然后在"绘图工具→格式"选项卡"艺术字样式"组单击"文本轮廓"按钮，出现下拉列表，可以选择一种颜色作为艺术字轮廓线颜色。在下拉列表中选择"粗细"项，出现各种尺寸的线条列表，选择一种，则艺术字轮廓采用该尺寸线条。在下拉列表中选择"虚线"项，可以选择线型，则艺术字轮廓采用该线型。

③ 改变艺术字的效果　单击选中艺术字，在"绘图工具→格式"选项卡"艺术字样式"组单击"文本效果"按钮，出现下拉列表，选择其中的各种效果（阴影、发光、映像、棱台、三维旋转和转换）进行设置。以"转换"为例，如图 6-31 所示。

④ 编辑艺术字文本　单击艺术字，直接编辑、修改文字。

⑤ 旋转艺术字　选择艺术字，拖动绿色控点，可以自由旋转艺术字。

⑥ 确定艺术字的位置　首先选择艺术字，在"绘图工具→格式"选项卡"大小"组单击右下角的"大小和位置"按钮，出现"设置形状格式"对话框，在对话框的左侧选择"位置"项，在右侧"水平"栏输入数据、"自"栏选择度量依据，"垂直"栏输入数据，"自"栏选择度量依据，表示艺术字的左上角距幻灯片左边缘 1 厘米，距幻灯片上边缘 2 厘米。单击"确定"按钮，则艺术字精确定位。如图 6-32 所示。

图 6-31　艺术字效果设置

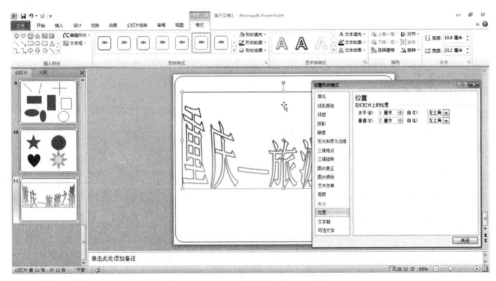

图 6-32　"设置形状格式"对话框

（3）转换普通文本为艺术字

首先选择文本，然后单击"插入"选项卡"文本"组的"艺术字"按钮，在弹出的艺术字样式中选择一种样式，并适当修饰。

6.5.4　插入超链接

PowerPoint 2010 可以采用两种方法创建超链接：使用超链接命令和使用动作设置。

（1）使用超链接命令

打开"插入"选项卡，选择超链接对象后，单击"链接"组中的"超链接"按钮，如图6-33 所示，弹出"插入超链接"对话框，如图 6-34 所示，在该对话框中可以链接到"现有文件或网页""本文档中的位置""新建文档"及"电子邮件地址"四种链接内容。

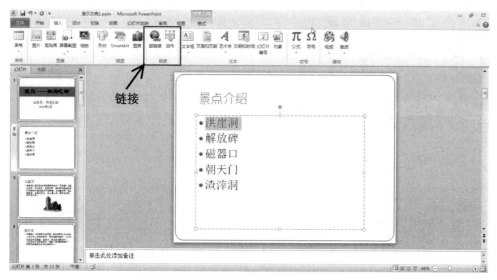

图 6-33　"链接"组按钮

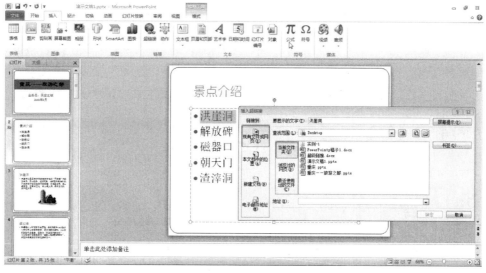

图 6-34　"插入超链接"对话框

① 现有文件　指计算机磁盘中存放的文件（.txt、.docx、.doc、.exe 等），链接后，当幻灯片播放时，用鼠标单击链接按钮，即打开链接的文件。

② 网页　指 Internet 网络中 ISP 提供商的服务器地址，在"地址"栏内输入网址 URL 地址，链接后，当幻灯片播放时，用鼠标单击链接按钮，即打开链接的网页。

③ 本文档中的位置　指当前编辑 PPT 文档中的幻灯片，在"插入超链接"对话框中"本文档中的位置"选项下，可以设置链接到本文档中的第 X 页上，如图 6-35 所示。

④ 新建文档　指从当前 PPT 文稿链接到新的演示文稿，并对新建文档进行编辑，实现当前文档到新建文档的链接。

⑤ 电子邮件地址　指链接内容为 E-Mail 邮箱，如图 6-36 所示，当链接设置后，会从链接按钮启动收发邮件软件 MicroSoft OutLook。

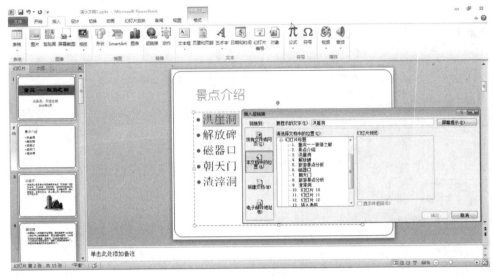

图 6-35　本文档中的位置选项

图 6-36　邮箱选项

（2）使用动作设置

在"动作设置"中可以实现超链接能够完成的各种链接操作，另外在"动作设置"对话框内还可以设定选定对象启动系统应用程序、演示文稿中编辑的宏及播放声音设置等，如图 6-37 所示。

6.5.5　插入音频（视频）

（1）插入音频

在编辑幻灯片时，可以插入音频文件作为背景音乐，或者作为幻灯片的旁白。在 PowerPoint 2010 中，支持 WAV、WMA、MP3、MID 等音频文件。音频文件的来源共有三种方式。

图 6-37 "动作设置"对话框

① 文件中的音频。

② 剪贴画音频。

③ 录制音频。

其中，最常用的方式是文件中的音频，操作过程如下，如图 6-38 所示。

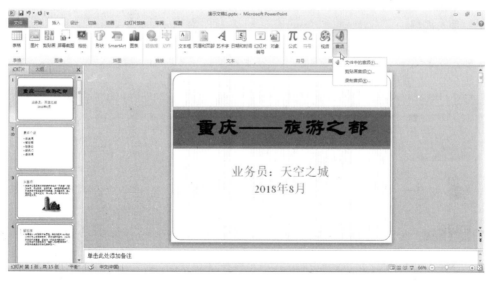

图 6-38 "音频"下拉列表

① 单击"插入"选项卡中"媒体"功能区"音频"下拉列表中"文件中的音频"。

② 在弹出的"插入音频"对话框中找到指定的音频文件，单击"确定"按钮，在幻灯片中添加音频图标。

③ 音频文件选定后，功能区出现"音频工具"选项卡，在"音频工具"选项卡下"播放"子功能区下，可以设置幻灯片放映时播放音频文件的方式，选择所需形式。如图 6-39 所示。

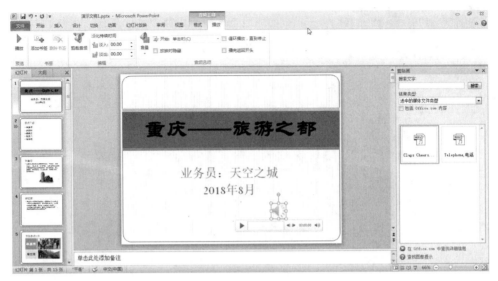

图 6-39 "播放"选项卡

在"音频工具"选项卡中可以对插入幻灯片中的音频设置如下效果。

a. 放映时隐藏图标。

b. 音频播放的触发（单击时/自动跨幻灯片播放）。

c. 音频循环播放，直到幻灯片播放停止。

d. 音频播放的音量。

（2）插入视频

PowerPoint 2010 支持 ASF、MPEG、AVI、MP4 等视频类型。其操作与插入音频步骤相同。如图 6-40 所示。

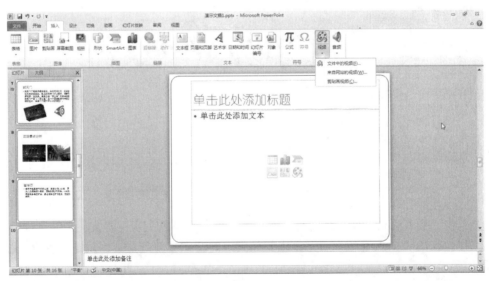

图 6-40 "视频"下拉列表

6.6　插入表格

在幻灯片中除了文本、形状、图片外，还可以输入表格等对象使演示文稿的表达方式更加丰富多彩。表格的应用十分广泛，是显示和表达数据的较好方式。在演示文稿中使用表格表达有关数据，简单、直观、高效。

6.6.1　创建表格

创建表格的方法有使用功能区命令创建和利用内容区占位符创建两种。和插入剪贴画与图片一样。

利用功能区命令创建表格的方法如下：

① 打开演示文稿，并切换到要插入表格的幻灯片。

② 单击"插入"选项卡"表格"组"表格"按钮，在弹出的下拉列表中单击"插入表格"命令，出现"插入表格"对话框，输入要插入表格的行数和列数。如图 6-41 所示。

图 6-41　"插入表格"对话框

③ 单击"确定"按钮，出现一个指定行列的表格，拖动表格的控点可以改变表格的大小，拖动表格边框可以定位表格。

行列较少的小型表格也可以快速生成，方法是单击"插入"选项卡"表格"组"表格"按钮，在弹出的下拉列表顶部的示意表格中拖动鼠标，顶部显示当前表格的行列数，与此同时幻灯片中也同步出现相应行列的表格，直到显示满意行列数时（如 8×8 表格）单击，则快速插入相应行列的表格，如图 6-42 所示。

6.6.2　编辑表格

表格制作完成后，可以编辑修改。例如：修改单元格的内容，设置文本对齐方式，调整表格大小和行高、列宽、插入和删除行（列）、合并与拆分单元格等。

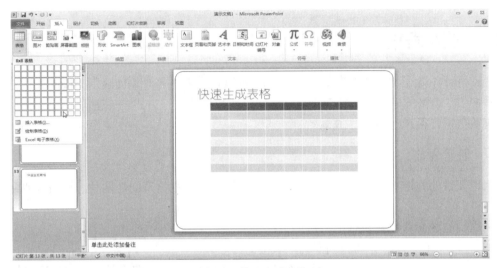

图 6-42　快速生成表格

（1）选择表格对象

选择整个表格、行（列）的方法：光标放在表格的任一单元格，在"表格工具→布局"选项卡"表"组中单击"选择"按钮，在出现的下拉列表中有"选择表格""选择列"和"选择行"命令。

选择行（列）的另一方法：将鼠标移全目标行左侧（目标列上方）出现向右（向下）黑箭头时，单击即可选中该行（列）。

选择连续多行（列）的方法：将鼠标移至目标第一行左侧（目标第一列上方）出现黑箭头时拖动到目标最后一行（列），则这些表格行（列）被选中。

选择单元格的方法：鼠标移到单元格左侧出现指向右上方的黑箭头时单击，即可选中该单元格。若选择多个相邻的单元格，直接在目标单元格范围拖动鼠标。

（2）设置单元格文本对齐方式

在单元格中输入文本，通常是左对齐。在"表格工具→布局"选项卡"对齐方式"组 6个对齐方式按钮中选择，这 6 个按钮中，上面 3 个按钮分别是文本水平方向的"文本左对齐""居中"和"文本右对齐"，下面 3 个按钮分别是文本垂直方向的"顶端对齐""垂直居中"和"底端对齐"。

（3）调整表格大小及行高、列宽

调整表格、行高列宽有两种方法：拖动鼠标法和精确设定法。

① 拖动鼠标法　选择表格，表格四周出现 8 个由若干小黑点组成的控点，鼠标移至控点出现双向箭头时沿箭头方向拖动，即可改变表格大小。水平（垂直）方向拖动改变表格宽度（高度），在表格四角拖动控点，则等比例缩放表格的宽和高。

② 精确设定法　单击表格内任意单元格，在"表格工具→布局"选项卡"表格尺寸"组可以输入表格的宽度和高度数值，若勾选"锁定纵横比"复选框。则保证按比例缩放表格。在"表格工具→布局"选项单元格大小组中输入行高和列宽的数值，可以精确设定当前选定区域所在的行高和列宽。

（4）插入表格行和列

首先将光标置于某行的任意单元格中，然后单击"表格工具→布局"选项卡"行和列"

组的"在上方插入"（"在下方插入"）按钮，即可在当前行的上方（下方）插入一空白行。

用同样的方法，在"表格工具→布局"选项卡"行和列"组中单击"在左侧插入"（"在右侧插入"）命令可以在当前列的左侧（右侧）插入一空白列。

（5）删除表格行、列和整个表格

首先将光标置于被删行（列）的任意单元格中，单击"表格工具→布局"选项卡"行和列"组的"删除"按钮，在出现的下拉列表中选择"删除行"（"删除列"）命令，则该行（列）被删除。若选择"删除表格"，则光标所在的整个表格被删除。

（6）合并和拆分单元格

合并单元格是指将若干相邻单元格合并为一个单元格，合并后的单元格宽度（高度）是被合并的几个单元格宽度（高度）之和。而拆分单元格是指将一个单元格拆分为多个单元格。

合并单元格的方法：选择相邻要合并的所有单元格（如：同一行相邻 3 个单元格），单击"表格工具→布局"选项卡"合并"组的"合并单元格"按钮，则所选单元格合并为 1 个大单元格。如图 6-43 所示。

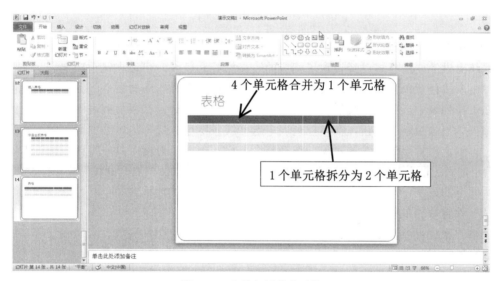

图 6-43　合并与拆分单元格

拆分单元格的方法：选择要拆分的单元格，单击"表格工具→布局"选项卡"合并"组的"拆分单元格"按钮，弹出"拆分单元格"对话框，在对话框中输入行数和列数，即可将单元格拆分为指定行列数的多个单元格。如图 6-43 所示。

6.6.3　设置表格格式

为了美化表格，系统提供了大量预设的表格样式，用户不必费心设置表格字体、边框和底纹效果，只要选择喜欢的表格样式。也可以自己动手设置自己喜欢的表格边框和底纹效果。

（1）套用表格样式

单击表格的任意单元格，在"表格工具→设计"选项卡"表格样式"组单击样式列表右下角的"其它"按钮，在下拉列表中会展开"文档的最佳匹配对象""淡""中""深"四类表格样式，当鼠标移到某样式时，幻灯片中表格随之出现该样式的预览。从中单击自己喜欢的表格样式即可，如图 6-44 所示。

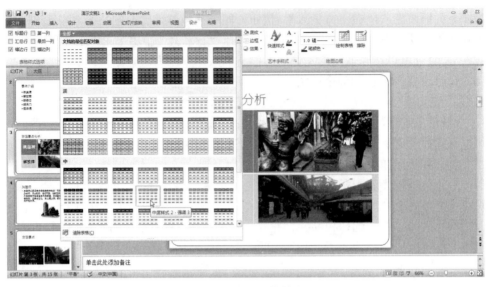

图6-44　套用表格样式

（2）**设置表格框线**

系统提供的表格样式已经设置了相应的表格框线和底纹，可以自己重新定义。

单击表格任意单元格，在"表格工具→设计"选项卡"绘图边框"组单击"笔颜色"按钮，在下拉列表中选择边框线的颜色。单击"笔样式"按钮，在下拉列表中选择边框线的线型。单击"笔画粗细"按钮，在下拉列表中选择线条宽度。选择边框线的颜色线型和线条宽度后，再确定设置该边框线的对象。选择整个表格，单击"表格工具→设计"选项卡"表格样式"组的"边框"下拉按钮，在下拉列表中显示"所有框线""外侧框线"等各种设置对象。

用同样的方法，可以对表格内部、行或列等设置不同的边框线。

（3）**设置表格底纹**

表格的底纹可以自定义设置为纯色底纹、渐变色底纹、图片底纹、文理底纹等，还可以设置表格的背景。

选择要设置底纹的表格区域，单击"表格工具→设计"选项卡"表格样式"组的"底纹"下拉按钮，在下拉列表中显示各种底纹设置命令。选择某种颜色，则区域中单元格均采用该颜色为底纹。

若选择"渐变"命令，在下拉列表中有浅色变体和深色变体两类，选择一种颜色变体，则区域中单元格均以该颜色变体为底色。

若选择"图片"命令，弹出"插入图片"对话框，选择一个图片文件，并单击对话框的"插入"按钮，则以该图片作为区域中单元格的底纹。

若选择"纹理"命令，并在下拉列表中选择一种纹理，则区域中单元格以该纹理为底纹。

列表中的"表格背景"命令是针对整个表格底纹的。若选择"表格背景"命令，在下拉列表中选择"颜色"或"图片"命令，可以用指定颜色或图片作为整个表格的底纹背景。

（4）**设置表格效果**

选择表格，单击"表格工具→设计"选项卡"表格样式"组的"效果"下拉按钮，在下拉列表中提供"单元格凹凸效果""阴影"和"映像"三类效果命令。其中，"单元格凹凸效果"主要显示对表格单元格边框进行处理后的各种凹凸效果，"阴影"是为表格建立内部或者外部各种方向的光晕，而"映像"是在表格四周创建倒影的特效。

选择某类效果命令，在展开的列表中选择一种效果即可。

6.7　幻灯片放映设计

幻灯片放映的显著优点是可以设计动画效果、加入视频和音乐、设计美妙动人的切换方式和选择适合各种场合的放映方式等。为此，可以对幻灯片中的对象设置动画和声音等效果。

6.7.1　放映演示文稿

放映当前演示文稿必须先进入幻灯片放映视图，方法如下：

① 单击"幻灯片放映"选项卡"开始放映幻灯片"组的"从头开始"或"从当前幻灯片开始"按钮。

② 单击窗口右下角视图按钮中的"幻灯片放映"按钮，则从当前幻灯片开始放映。

第一种方法"从头开始"命令是从演示文稿的第一张幻灯片开始放映，而"从当前幻灯片开始"命令是从当前幻灯片开始放映。第二种方法是从当前幻灯片开始放映。

进入幻灯片放映视图后，在全屏幕放映方式下，单击鼠标左键，可以切换到下一张幻灯片，直到放映完毕。在放映过程中，右击鼠标会弹出放映控制菜单。利用放映控制菜单的命令可以改变放映顺序、即兴标注等。

① 改变放映顺序　右击鼠标，弹出放映控制菜单，单击"上一张"或"下一张"命令，即可放映当前幻灯片的上张或下一张幻灯片。如图 6-45 所示。

图 6-45　放映控制菜单与放映时即兴标注

② 放映中即兴标注和擦除墨迹　如果希望标注信息，可以将鼠标指针放在放映控制菜单的"指针选项"，在出现的子菜单中单击"笔"命令，鼠标指针呈圆点状，按住鼠标左键即可在幻灯片上勾画书写。如图 6-45 所示。

如果希望删除已标注的墨迹，可以单击放映控制菜单"指针选项"子菜单"橡皮擦"命令，鼠标指针呈橡皮擦状，在需要删除的墨迹上即可清除墨迹。若选择"擦除幻灯片上的所有墨迹"，则擦除全部标注墨迹。

③ 使用激光笔　按住"Ctrl"键的同时，按鼠标左键，屏幕会出现红色圆圈的激光笔。

④ 中断放映　右击鼠标，调出放映控制菜单，从中选择"结束放映"命令。如图 6-46 所示。

图 6-46　放映控制按钮

6.7.2　为幻灯片中的对象设置动画效果

在制作演示文稿过程中，常对幻灯片中的各种对象适当地设置动画效果和声音效果，并根据需要设计各对象动画出现的顺序。

（1）**设置动画**

动画有四类："进入"动画、"强调"动画、"退出"动画和"动作路径"动画。

"进入"动画：使对象从外部进入幻灯片播放画面的动画效果。如飞入、旋转等。

"强调"动画：对播放画面中的对象进行突出显示、起强调作用的动画效果。如放大/缩小、闪烁等。

"退出"动画：使播放画面中的对象离开播放画面的动画效果。如飞出、消失等。

"动作路径"动画：播放画面中的对象按指定路径移动的动画效果。如弧形、直线等。

① "进入"动画

a．在幻灯片中选择需要设置动画效果的对象，在"动画"选项卡的"动画"组中单击动画样式列表右下角的"其它"按钮，出现各种动画效果的下拉列表。如图 6-47 所示。其中有"进入""强调""退出"和"动作路径"四类动画，每类又包含若干不同的动画效果。

b．在"进入"类中选择一种动画效果，例如"飞入"，则所选对象被赋予该动画效果。对象添加动画效果后，对象旁边出现数字编号，它表示该动画出现顺序的序号。

还可以单击动画样式的下拉列表的下方"更多进入效果"命令，打开"更改进入效果"对话框，其中按基本型"细微型""温和型"和"华丽型"列出更多动画效果供选择，如图 6-48 所示。

② "强调"动画

a．选择需要设置动画效果的对象，在"动面"选项卡的"动画"组中单击动画效果列表右下角的"其他"按钮出现各种动画效果的下拉列表。如图 6-47 所示。

图 6-47　"动画"效果列表

图 6-48　"更改进入效果"对话框

b. 在"强调"类中选择一种动画效果，例如"陀螺旋"，则所选对象被赋予该动画效果。

同样，还可以单击动画样式的下拉列表的下方"更多强调效果"命令，打开"更改强调效果"对话框，选择更多类型的"强调"动画效果。

③ "退出"动画

a. 选择需要设置动画效果的对象，在"动画"选项卡的"动画"组中单击动画样式列表右下角的"其他"按钮，出现各种动画效果的下拉列表。如图 6-47 所示。

b. 在"退出"类中选择一种动画效果，例如"飞出"，则所选对象被赋予该动画效果。

同样，还可以单击动画样式的下拉列表的下方"更多退出效果"命令，打开"更改退出效果"对话框，选择更多类型的"退出"动画样式。

④ "路径"动画

a. 在幻灯片中选择需要设置动画效果的对象，在"动画"选项卡的"动画"组中单击动画效果列表右下角的"其他"按钮，出现各种动画效果的下拉列表。如图 6-47 所示。

b．在"动作路径"类中选择一种动画效果，例如："弧形"，则所选对象被赋予该动画效果，如图 6-49 所示。可以看到图形对象的弧形路径（虚线）和路径周边的 8 个控点以及上方绿色控点。启动动画，图形将沿着弧形路径从路径起始点（绿色点）移动到路径结束点（红色点）。拖动路径的各控点可以改变路径，而拖动路径上方绿色控点可以改变路径的角度。

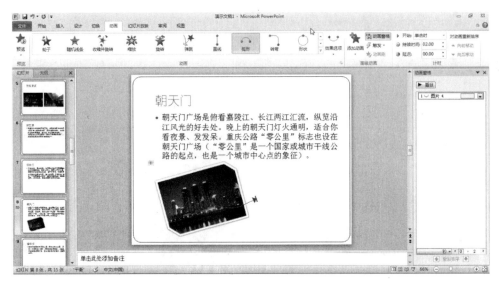

图 6-49　弧形路径动画

同样，还可以单击动画效果下拉列表的下方"其他动作路径"命令，打开"更改动作路径"对话框，选择更多类型的"路径"动画效果。

（2）设置动画属性

① 设置动画效果选项　选择设置动画的对象，单击"动画"选项卡"动画"组右侧的"效果选项"按钮，出现各种效果选项的下拉列表。

② 设置动画开始方式、持续时间和延迟时间　选择设置动画的对象，单击"动画"选项卡"计时"组左侧的"开始"下拉按钮，在出现的下拉列表中选择动画开始方式。

动画开始方式有三种："单击时""与上一动画同时"和"上一动画之后"。

"单击时"是指单击鼠标时开始播放动画。"与上一动画同时"是指播放前一动画的同时播放该动画，可以在同一时间组合多个效果。"上一动画之后"是指前一动画播放之后开始播放该动画。

另外，还可以在"动画"选项卡的"计时"组左侧"持续时间"栏调整动画持续时间。在"延迟"栏调整动画延迟时间。

③ 设置动画音效　设置动画时，默认动画无音效，需要音效时可以自行设置。

以"弹跳"动画对象设置音效为例，说明设置音效的方法。

选择设置动画音效的对象（该对象已设置"弹跳"动画），单击"动画"选项卡"动画"组右下角的"显示其他效果选项"按钮，弹出"弹跳"动画效果选项对话框如图 6-50 所示。在对话框的"效果"选项卡中单击"声音"栏的下拉按钮，在出现的下拉列表中选择一种音效。如图 6-50 所示。

图 6-50　"弹跳"动画效果选项对话框

（3）调整动画播放顺序

单击"动画"选项卡"高级动画"组的"动画窗格"按钮，调出动画窗格，如图 6-51 所示。动画窗格显示所有动画对象，它左侧的数字表示该对象动画播放的顺序号，与幻灯片中的动画对象旁边显示的序号一致。选择动画对象，并单击底部的"↑"或"↓"，即可改变该动画对象的播放顺序。

图 6-51　动画窗格

（4）预览动画效果

单击"动画"选项卡"预览"组的"预览"按钮或单击动画窗格上方的"播放"按钮，预览动画。

6.7.3　幻灯片的切换效果设计

幻灯片的切换效果不仅使幻灯片的过渡衔接更为自然，而且也能吸引观众的注意力。幻灯片的切换包括幻灯片切换效果和切换属性。

（1）设置幻灯片切换样式

① 打开演示文稿，选择要设置幻灯片切换效果的幻灯片（组）。在"切换"选项卡"切换到此幻灯片"组中单击切换效果列表右下角的"其它"按钮，弹出包括"细微型""华丽型"和"动态内容型"等各类切换效果列表，如图6-52所示。

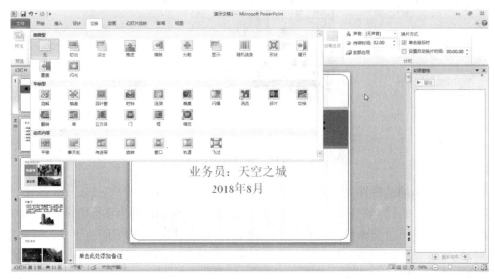

图 6-52　切换样式列表

② 在切换效果列表中选择一种切换样式。

设置的切换效果对所选幻灯片（组）有效，如果希望全部幻灯片均采用该切换效果，可以单击"计时"组的"全部应用"按钮。

（2）设置切换属性

幻灯片切换属性包括效果选项、换片方式、持续时间和声音效果。

设置幻灯片切换效果时，在"切换"选项卡"切换到此幻灯片"组中单击"效果选项"按钮，在出现的下拉列表中选择一种切换效果。

在"切换"选项卡"计时"组右侧设置换片方式，例如：勾选"单击鼠标时"复选框，表示单击鼠标时才切换幻灯片。也可以勾选"设置自动换片时间"，表示经过该时间段后自动切换到下一张幻灯片。

在"切换"选项卡"计时"组左侧设置切换声音，单击"声音"栏下拉按钮，在弹出的下拉列表中选择一种切换声音。在"持续时间"栏输入切换持续时间。单击"全部应用"按钮则表示全体幻灯片均采用所设置的切换效果，否则只作用于当前所选幻灯片（组）。

（3）预览切换效果

单击"预览"组的"预览"按钮，预览切换效果。

6.7.4　幻灯片放映方式设计

演示文稿的放映方式有三种：演讲者放映（全屏幕）、观众自行浏览（窗口）和在展台浏览（全屏幕）。

（1）演讲者放映（全屏幕）　演讲者放映是全屏幕放映，这种放映方式适合会议或教学的场合，放映进程完全由演讲者控制。

（2）观众自行浏览（窗口）　展览会上若允许观众交互式控制放映过程，则采用这种方式较适宜。它在窗口中展示演示文稿，允许观众利用窗口命令控制放映进程。

（3）在展台浏览（全屏幕）　演示文稿自动循环放映，观众只能观看不能控制。采用该方式的演示文稿应事先进行排练计时。

放映方式的设置方法如下：

① 打开演示文稿，单击"幻灯片放映"选项卡"设置"组的"设置幻灯片放映"按钮，出现"设置放映方式"对话框，如图 6-53 所示。

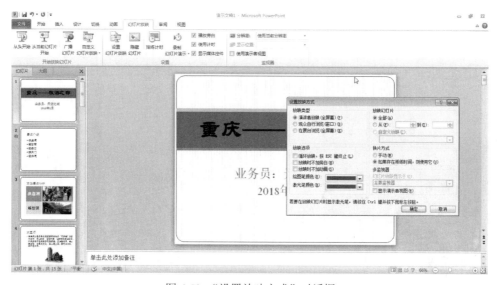

图 6-53　"设置放映方式"对话框

② 在"放映类型"栏中，可以选择"演讲者放映（全屏幕）""观众自行浏览（窗口）"和"在展台浏览（全屏幕）"三种方式之一。若选择"在展台浏览（全屏幕）"方式，则自动采用循环放映，按"Esc"键才终止放映。

③ 在"放映幻灯片"栏中，可以确定幻灯片的放映范围（全体或部分幻灯片）。放映部分幻灯片时，可以指定放映幻灯片的开始序号和终止序号。

④ 在"换片方式"栏中，可以选择控制放映速度的两种换片方式之一。"演讲者放映（全屏幕）"和"观众自行浏览（窗口）"放映方式强调自行控制放映，所以常采用"手动换片"方式；而"在展台浏览（全屏幕）"方式通常无人控制，应事先对演示文稿进行排练计时，并选择"如果存在排练时间，则使用它"换片方式。

本 章 小 结

本章主要介绍了 PowerPoint 2010 的启动、退出和窗口组成；演示文稿的创建、保存和打开；如何在幻灯片中插入文本、图片、形状、艺术字、表格、超链接、音频和视频等对象。本章着重介绍了动画设计、幻灯片切换设计、放映方式设计等设置。

习　题

请用 PowerPoint 2010 制作主题为"重庆-旅游之都"的宣传稿（至少 5 张幻灯片）。将制作完成的演示文稿以"重庆.pptx"为文件名，保存在 E 盘根目录中（E:\）。

1. 单击"开始"→"所有程序"→"Microsoft Office 2010"→"Microsoft PowerPoint 2010"命令。或双击桌面上的 PowerPoint 2010 程序图标。当建立空白演示文稿时，系统自动生成一张标题幻灯片，如图 6-54 如示。

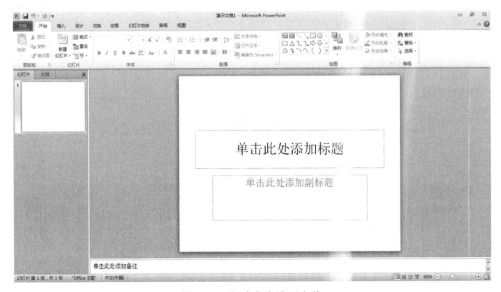

图 6-54　新建空白演示文稿

2. 在第一张标题幻灯片版式中输入文本，如图 6-55 所示。

图 6-55　标题幻灯片

3. 在"开始"选项卡→"幻灯片"组→"新建幻灯片"下拉列表中选择标题和内容版式，在第二张幻灯片中输入文本，如图 6-56 所示。

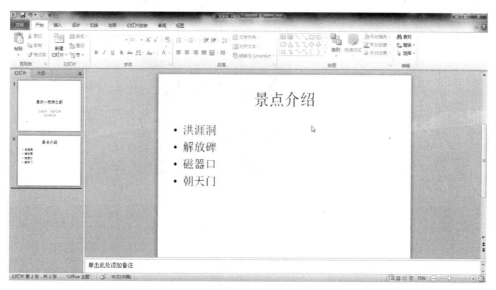

图 6-56　标题和内容幻灯片

4. 在"开始"选项卡→"幻灯片"组→"新建幻灯片"下拉列表中选择图片和标题版式，在第三张幻灯片中输入文本，在图片占位符中，单击来自文件的图片图标，从素材文件中选择图片插入到幻灯片中，如图 6-57 所示。

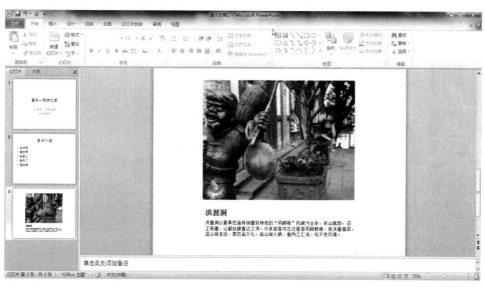

图 6-57　图片和标题幻灯片

5. 在"开始"选项卡→"幻灯片"组→"新建幻灯片"下拉列表中选择图片和标题版式，在第四张幻灯片中输入文本，在图片占位符中，单击来自文件的图片图标，从素材文件中选择图片插入到幻灯片中，如图 6-58 所示。

图 6-58　图片和标题幻灯片

6. 在"开始"选项卡→"幻灯片"组→"新建幻灯片"下拉列表中选择图片和标题版式，在第五张幻灯片中输入文本，在图片占位符中，单击来自文件的图片图标，从素材文件中选择图片插入到幻灯片中，如图 6-59 所示。

图 6-59　图片和标题幻灯片

7. 在"开始"选项卡→"幻灯片"组→"新建幻灯片"下拉列表中选择图片和标题版式，在第六张幻灯片中输入文本，在图片占位符中，单击来自文件的图片图标，从素材文件中选择图片插入到幻灯片中，如图 6-60 所示。

图 6-60　图片和标题幻灯片

8．单击快速访问工具栏的"保存"按钮（也可以单击"文件"选项卡，在下拉菜单中选择"保存"命令），因为是第一次保存，将出现如图 6-61 所示的"另存为"对话框，将文件路径设置为 E 盘根目录下（E:\），文件名称为"重庆.pptx"。

图 6-61　"另存为"对话框

9．在"设计"选项卡→"主题"组→"其它"下拉列表中选择"平衡"主题，如图 6-62所示。在"设计"选项卡→"主题"组→"颜色"下拉列表中选择"都市"颜色，如图 6-63所示。在"设计"选项卡→"主题"组→"字体"下拉列表中选择"沉稳→方正姚体"文字，如图 6-64 所示。在"设计"选项卡→"主题"组→"效果"下拉列表中选择"凤舞九天"效果，如图 6-65 所示。

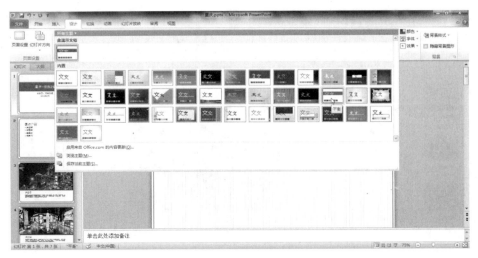

图 6-62 "平衡"主题

图 6-63 "都市"颜色

图 6-64 沉稳→方正姚体

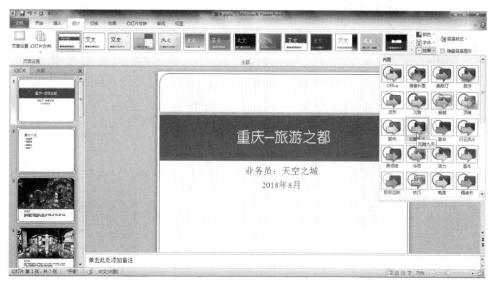

图 6-65　"凤舞九天"效果

10. 定位在最后一张幻灯片，在"开始选项卡"→"幻灯片"组→"新建幻灯片"下拉列表中选择"空白"版式，如图 6-66 所示。在第七张幻灯片中，单击"插入"选项卡→"文本"组→"艺术字"下拉列表中选择"渐变填充→蓝色，强调文字颜色 1，轮廓-白色"艺术字样式效果，在艺术字占位符中输入文本，按"Enter"键结束。如图 6-67 所示。选中艺术字，单击"开始"选项卡→"字体"组→"字号"设置为"80"，如图 6-68 所示。单击"绘图工具→格式"选项卡→"艺术字样式"组→"文本效果"→"转换"设置为"朝鲜鼓"，如图 6-69 所示。

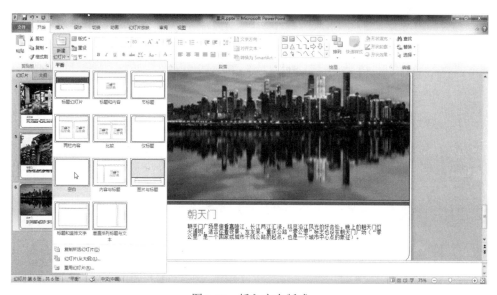

图 6-66　插入空白版式

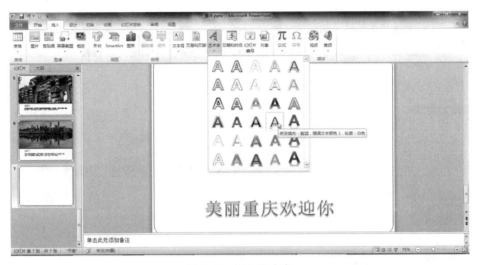

图 6-67　插入艺术字

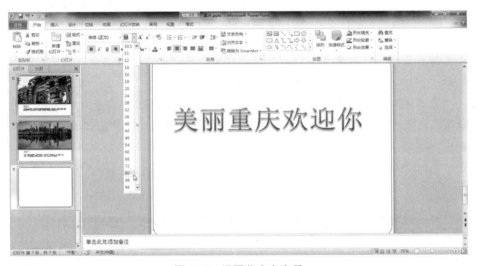

图 6-68　设置艺术字字号

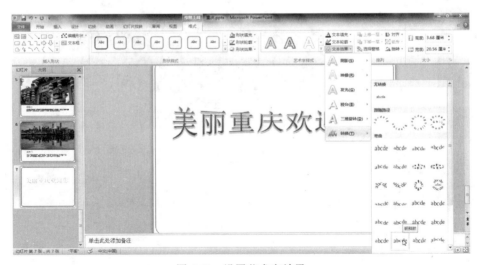

图 6-69　设置艺术字效果

11. 在第一张幻灯片中选中文本"重庆-旅游之都"，单击"开始"选项卡→"字体"组→"字号"设置"80"。选中文本"业务员：天空之城，2018 年 8 月"，单击"开始"选项卡→"字体"组→"字号"设置"48"。在第二张幻灯片中选中文本"洪崖洞、解放碑、磁器口、朝天门"，单击"开始"选项卡→"字体"组→"字号"设置"36"。分别将第三张至第六张中正文内容边框选中，单击"绘图工具→格式"选项卡→"大小"组高度设计为"3"厘米，宽度为"20"厘米，并单击"开始"选项卡→"字体"组→"字号"设置"20"。如图 6-70 所示。

图 6-70   设置文本边框高度和宽度

12. 在第三张幻灯片中选择洪崖洞图片，单击"动画"选项卡→"动画"组→"淡出"，如图 6-71 所示。选择标题文本洪崖洞，单击"动画"选项卡→"动画"组→"飞入"。选择

图 6-71   设置进入动画

正文文本内容，单击"动画"选项卡→"动画"组→"其它"下拉中"更多进入效果"链接→在"更多进入效果"中选择"华丽型→挥鞭式"效果，如图 6-72 所示。单击"动画"选项卡→"高级动画"组→"动画窗格"，如图 6-73 所示，在右侧"动画窗格"中，右击"动画 3"→"效果选项"，如图 6-74 所示。在"挥鞭式"对话框，在"效果"标签中声音下拉列表中选择"爆炸"，如图 6-75 所示。在"计时"标签中开始下拉列表中选择"上一动画之后"，延迟中输入"0.5 秒"，单击确定按键完成设置。其它幻灯片动画设置同理，根据需求自行完成设置。

图 6-72　更多进入效果

图 6-73　动画窗格窗口

图 6-74　单个动画效果选项的设置

13. 在第二张幻灯片中选中文本"洪涯洞"，单击"插入"选项卡→"链接"组→"超链接"，在"插入超链接"对话框左边部分"链接到"中选择"在文档中的位置"，在"插入超链接"对话框中间部分"请选择文档中位置"选中"3.洪涯洞"，单击"确定"按钮完成。如图 6-76 所示。"解放碑""磁器口""朝天门"三个文本的超链接设置同理，自行完成。

14. 选中第一张幻灯片，单击"切换"选项卡→"切换到此幻灯片"组→"分割"。单击"切换"选项卡→"计时"组，设置声音为"锤打"，取消"单击鼠标时"选项，勾选"设置自动换片时间"为"5 秒"。如图 6-77 所示。第二张至第七张幻灯片设置同理，自行完成。

图 6-75　效果选项对话框

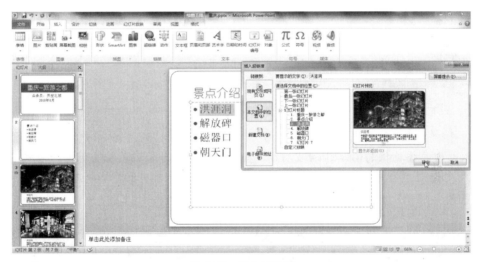

图 6-76　插入超链接

图 6-77　切换方式的设置

15. 在第一张幻灯片中，单击 "插入"选项卡→"媒体"组→"音频→来自文件中的音频"，在"插入音频"对话框中选择"从素材文件中插入音频文件"，选中音频图标，在"音频工具→播放"选项卡→"音频选项"组，在"开始"下拉列表中选择"跨幻灯片播放"，勾选"放映时隐藏"。如图 6-78 所示。

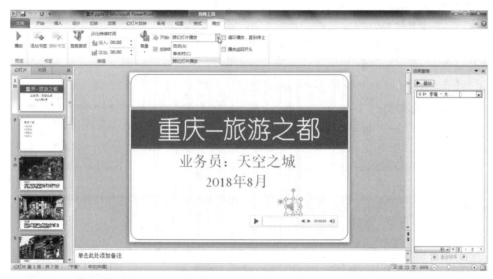

图 6-78　插入来音频

16. 单击"幻灯片放映"选项卡→"开始放映幻灯片"组→"从头开始"或"F5"快捷键，进入幻灯片播放状态，如图 6-79 所示，演示文稿中所有幻灯片将实现自动播放，直到播放结束或"Esc"快捷键退出播放。单击"文件"选项卡，在下拉菜单中选择"保存"命令，单击"关闭"按钮，结束演示文稿的制作。

图 6-79　幻灯片放映

附　录

1　全国计算机等级考试一级 MS Office 考试大纲（2018 年版）

一、基本要求

1．具有微型计算机的基础知识（包括计算机病毒的防治常识）。

2．了解微型计算机系统的组成和各部分的功能。

3．了解操作系统的基本功能和作用，掌握 Windows 的基本操作和应用。

4．了解文字处理的基本知识，熟练掌握文字处理 MS Word 的基本操作和应用，熟练掌握一种汉字（键盘）输入方法。

5．了解电子表格软件的基本知识，掌握电子表格软件 Excel 的基本操作和应用。

6．了解多媒体演示软件的基本知识，掌握演示文稿制作软件 PowerPoint 的基本操作和应用。

7．了解计算机网络的基本概念和因特网（Internet）的初步知识，掌握 IE 浏览器软件和 Outlook Express 软件的基本操作和使用。

二、考试内容

（一）计算机基础知识

1．计算机的发展、类型及其应用领域。

2．计算机中数据的表示、存储与处理。

3．多媒体技术的概念与应用。

4．计算机病毒的概念、特征、分类与防治。

5．计算机网络的概念、组成和分类；计算机与网络信息安全的概念和防控。

6．因特网网络服务的概念、原理和应用。

（二）操作系统的功能和使用

1．计算机软、硬件系统的组成及主要技术指标。

2．操作系统的基本概念、功能、组成及分类。

3．Windows 操作系统的基本概念和常用术语，文件、文件夹、库等。

4．Windows 操作系统的基本操作和应用：

（1）桌面外观的设置，基本的网络配置。

（2）熟练掌握资源管理器的操作与应用。

（3）掌握文件、磁盘、显示属性的查看、设置等操作。

（4）中文输入法的安装、删除和选用。

（5）掌握检索文件、查询程序的方法。

（6）了解软、硬件的基本系统工具。

（三）文字处理软件的功能和使用

1．Word 的基本概念，Word 的基本功能和运行环境，Word 的启动和退出。

2．文档的创建、打开、输入、保存等基本操作。

3．文本的选定、插入与删除、复制与移动、查找与替换等基本编辑技术；多窗口和多文档的编辑。

4．字体格式设置、段落格式设置、文档页面设置、文档背景设置和文档分栏等基本排版技术。

5．表格的创建、修改；表格的修饰；表格中数据的输入与编辑；数据的排序和计算。

6．图形和图片的插入；图形的建立和编辑；文本框、艺术字的使用和编辑。

7．文档的保护和打印。

（四）电子表格软件的功能和使用

1．电子表格的基本概念和基本功能，Excel 的基本功能、运行环境、启动和退出。

2．工作簿和工作表的基本概念和基本操作，工作簿和工作表的建立、保存和退出；数据输入和编辑；工作表和单元格的选定、插入、删除、复制、移动；工作表的重命名和工作表窗口的拆分和冻结。

3．工作表的格式化，包括设置单元格格式、设置列宽和行高、设置条件格式、使用样式、自动套用模式和使用模板等。

4．单元格绝对地址和相对地址的概念，工作表中公式的输入和复制，常用函数的使用。

5．图表的建立、编辑和修改以及修饰。

6．数据清单的概念，数据清单的建立，数据清单内容的排序、筛选、分类汇总，数据合并，数据透视表的建立。

7．工作表的页面设置、打印预览和打印，工作表中链接的建立。

8．保护和隐藏工作簿和工作表。

（五）PowerPoint 的功能和使用

1．中文 PowerPoint 的功能、运行环境、启动和退出。

2．演示文稿的创建、打开、关闭和保存。

3．演示文稿视图的使用，幻灯片基本操作（版式、插入、移动、复制和删除）。

4．幻灯片基本制作（文本、图片、艺术字、形状、表格等插入及其格式化）。

5．演示文稿主题选用与幻灯片背景设置。

6．演示文稿放映设计（动画设计、放映方式、切换效果）。

7．演示文稿的打包和打印。

（六）因特网（Internet）的初步知识和应用

1．了解计算机网络的基本概念和因特网的基础知识，主要包括网络硬件和软件，TCP/IP协议的工作原理，以及网络应用中常见的概念，如域名、IP地址、DNS服务等。

2．能够熟练掌握浏览器、电子邮件的使用和操作。

三、考试方式

上机考试，考试时长90分钟，满分100分。

1．题型及分值

单项选择题（计算机基础知识和网络的基本知识）　20分

Windows操作系统的使用　10分

Word操作　25分

Excel操作　20分

PowerPoint操作　15分

浏览器（IE）的简单使用和电子邮件收发　10分

2．考试环境

操作系统：中文版Windows 7

考试环境：Microsoft Office 2010

2　全国计算机等级考试介绍

全国计算机等级考试（National Computer Rank Examination，简称NCRE），是经原国家教育委员会（现教育部）批准，由教育部考试中心主办，面向社会，用于考查应试人员计算机应用知识与技能的全国性计算机水平考试体系。NCRE级别科目设置及证书体系如附表2-1所示（2018年版）。

附表2-1　NCRE级别科目设置及证书体系（2018年版）

级别	科目名称	科目代码	考试时长	考核课程代码	获证条件
一级	计算机基础及WPS Office应用	14	90分钟	114	科目14考试合格
	计算机基础及MS Office应用	15	90分钟	115	科目15考试合格
	计算机基础及Photoshop应用	16	90分钟	116	科目16考试合格
	网络安全素质教育	17	90分钟	117	科目17考试合格
二级	C语言程序设计	24	120分钟	201、224	科目24考试合格
	VB语言程序设计	26	120分钟	201、226	科目26考试合格
	Java语言程序设计	28	120分钟	201、228	科目28考试合格
	Access数据库程序设计	29	120分钟	201、229	科目29考试合格
	C++语言程序设计	61	120分钟	201、261	科目61考试合格
	MySQL数据库程序设计	63	120分钟	201、263	科目63考试合格
	Web程序设计	64	120分钟	201、264	科目64考试合格
	MS Office高级应用	65	120分钟	201、265	科目65考试合格
	Python语言程序设计	66	120分钟	201、266	科目66考试合格

级别	科目名称	科目代码	考试时长	考核课程代码	获证条件
三级	网络技术	35	120 分钟	335	科目 35 考试合格
	数据库技术	36	120 分钟	336	科目 36 考试合格
	信息安全技术	38	120 分钟	338	科目 38 考试合格
	嵌入式系统开发技术	39	120 分钟	339	科目 39 考试合格
四级	网络工程师	41	90 分钟	401、403	获得科目 35 证书，科目 41 考试合格
	数据库工程师	42	90 分钟	401、404	获得科目 36 证书，科目 42 考试合格
	信息安全工程师	44	90 分钟	401、403	获得科目 38 证书，科目 44 考试合格
	嵌入式系统开发工程师	45	90 分钟	401、402	获得科目 39 证书，科目 45 考试合格

各级别考核内容如下。

一级：操作技能级。考核计算机基础知识及计算机基本操作能力，包括 Office 办公软件、图形图像软件、网络安全素质教育。

二级：程序设计/办公软件高级应用级。考核内容包括计算机语言与基础程序设计能力，要求参试者掌握一门计算机语言，可选类别有高级语言程序设计类、数据库程序设计类等；二级还包括办公软件高级应用能力，要求参试者具有计算机应用知识及 MS Office 办公软件的高级应用能力，能够在实际办公环境中开展具体应用。

三级：工程师预备级。三级证书考核面向应用、面向职业的岗位专业技能。

四级：工程师级。四级证书面向已持有三级相关证书的考生，考核计算机专业课程，是面向应用、面向职业的工程师岗位证书。

报名者不受年龄、职业、学历等限制，均可根据自己学习情况和实际能力选考相应的级别和科目。考生可按照省级承办机构公布的流程在网上或考点进行报名。

每次考试具体报名时间由各省级承办机构规定，可登录各省级承办机构网站查询。

NCRE 考试实行百分制计分，但以等级形式通知考生成绩。成绩等级分为"优秀""良好""及格""不及格"四等。100-90 分为"优秀"，89-80 分为"良好"，79-60 分为"及格"，59-0 分为"不及格"。

考试成绩优秀者，在证书上注明"优秀"字样；考试成绩良好者，在证书上注明"良好"字样；考试成绩及格者，在证书上注明"合格"字样。

自 1994 年开考以来，NCRE 适应了市场经济发展的需要，考试规模持续发展，考生人数逐年递增，至 2017 年底，累计考生人数超过 7600 万，累计获证人数近 2900 万。

3 全国计算机等级考试常见问题

1. 什么是全国计算机等级考试？

全国计算机等级考试（National Computer Rank Examination，简称 NCRE），是经原国家教育委员会（现教育部）批准，由教育部考试中心主办，面向社会，用于考查应试人员计算机应用知识与技能的全国性计算机水平考试体系。

2．举办 NCRE 的目的是什么？

计算机技术的应用在我国各个领域发展迅速，为了适应知识经济和信息社会发展的需要，操作和应用计算机已成为人们必须掌握的一种基本技能。许多单位、部门已把掌握一定的计算机知识和应用技能作为人员聘用、职务晋升、职称评定、上岗资格的重要依据之一。鉴于社会的客观需求，经原国家教委批准，原国家教委考试中心于 1994 年面向社会推出了 NCRE，其目的在于以考促学，向社会推广和普及计算机知识，也为用人部门录用和考核工作人员提供一个统一、客观、公正的标准。

3．NCRE 由什么机构组织实施？

教育部考试中心负责实施考试，制定有关规章制度，编写考试大纲及相应的辅导材料，命制试题、答案及评分参考，进行成绩认定，颁发合格证书，研制考试必须的计算机软件，开展考试研究和宣传、评价等。

教育部考试中心在各省（自治区、直辖市、部队）设立省级承办机构，由省级承办机构负责本省（自治区、直辖市、部队）考试的宣传、推广和实施等。

省级承办机构根据教育部考试中心有关规定在所属地区符合条件的单位设立考点，由考点负责考生的报名、考试、发放成绩通知单、转发合格证书等管理性工作。

教育部考试中心聘请全国著名计算机专家组成"全国计算机等级考试委员会"，负责设计考试方案、审定考试大纲、制定命题原则、指导和监督考试的实施。

4．NCRE 证书获得者具备什么样的能力？可以胜任什么工作？

NCRE 合格证书式样按国际通行证书式样设计，用中、英两种文字书写，证书编号全国统一，证书上印有持有人身份证号码。该证书全国通用，是持有人计算机应用能力的证明，也可供用人部门录用和考核工作人员时参考。

一级证书表明持有人具有计算机的基础知识和初步应用能力，掌握 Office 办公自动化软件的使用及因特网应用，或掌握基本图形图像工具软件（Photoshop）的基本技能，具备网络安全基本素质，可以从事政府机关、企事业单位文秘和办公信息化工作。

二级证书表明持有人具有计算机基础知识和基本应用能力，能够使用计算机高级语言编写程序，可以从事计算机程序的编制、初级计算机教学培训以及企业中与信息化有关的业务和营销服务工作。

三级证书表明持有人初步掌握了与信息技术有关岗位的基本技能，能够参与软硬件系统的开发、运维、管理和服务工作。

四级证书表明持有人掌握了从事信息技术工作的专业技能，并有系统的计算机理论知识和综合应用能力。

5．NCRE 证书的有效期是多久？

NCRE 所有证书均无时效限制。

6．2018 年版 NCRE 大纲中，各级别科目设置及证书获证条件如何？

全国计算机等级考试（National Computer Rank Examination，简称 NCRE），是经原国家教育委员会（现教育部）批准，由教育部考试中心主办，面向社会，用于考查应试人员计算机应用知识与技能的全国性计算机水平考试体系。见 NCRE 级别科目设置及证书体系（2018 年版）。

7．NCRE 采取什么考试形式？考试时长是怎么规定的？

考试形式：统一命题，统一考试。全部实行上机考试。

考试时长：一级、四级为 90 分钟；二级、三级为 120 分钟。

8．NCRE 每年考几次？什么时候考试？什么时候报名？

NCRE 考试时间为每年 3 月、9 月、12 月，其中 12 月份的考试由省级承办机构根据情况自行决定是否开考。

每次考试具体报名时间由各省级承办机构规定，可登录各省级承办机构网站查询。

9．谁可以报名参加考试？如何报名？

报名者不受年龄、职业、学历等限制，均可根据自己学习情况和实际能力选考相应的级别和科目。考生可按照省级承办机构公布的流程在网上或考点进行报名。

10．考生是否需要参加培训？

考生可以根据个人意愿决定是否参加培训，也可以不参加考前培训，直接报名参加考试。

11．各科目的考试费多少？如何缴纳考试费？

考生报名时须缴纳考试费，具体金额由各省级承办机构根据考试需要和当地物价水平确定，并报当地物价部门核准。考点不得擅自加收费用。

12．考生一次可以报考几个科目？

同次考试，考生最多可报三个科目，且不允许重复报考同一个科目。严禁考生同时在多个省级承办机构报名。

四级的成绩可保留一次。如考生同时报考了三级网络技术、四级网络工程师两个科目，结果通过了四级网络工程师考试，但没有通过三级网络技术考试，将不颁发任何证书，四级网络工程师考试成绩保留一次。下一次考试，考生报考三级网络技术并通过，将一次获得三级和四级两个证书；若没有通过，将不能获得任何证书，同时，四级网络工程师考试成绩自动失效。

13．成绩与证书何时下发？

教育部考试中心将在考后 30 个工作日内向省级承办机构下发考试成绩数据；省级承办机构应在收到成绩数据后 5 个工作日内完成对考生成绩下发工作。成绩公布后，考生可登录中国教育考试网（www.neea.edu.cn）进行成绩查询。

教育部考试中心将在考后 45 个工作日内将合格证书下发给省级承办机构，然后由各省级承办机构逐级转发给考生。考生在考后可登录中国教育考试网申请 NCRE 证书直邮服务，有关要求和申请流程详见网站。

14．如果对成绩有疑义怎么办？

考生对成绩如有疑问，应在省级承办机构下发成绩后 5 个工作日内，向所在考点提出书面申请，由考点逐级上报。

15．证书丢失了怎么办？

考生证书丢失后，可登录中国教育考试网（www.neea.edu.cn）申请补办合格证明书。

16．重庆市有哪些承办机构？

省级承办机构名称	地址	联系电话
重庆市教育考试院	重庆市渝北区红锦大道 61 号	023-67850827

4 全国计算机等级考试考生须知

1．考生按照省级承办机构公布的报名流程到考点现场报名或网上报名。

（1）考生凭有效身份证件进行报名。有效身份证件指居民身份证（含临时身份证）、港澳居民来往内地通行证、台湾居民往来大陆通行证和护照。

（2）报名时，考生应提供准确的出生日期（8 位字符型），否则将导致成绩合格的考生无法进行证书编号和打印证书。

（3）现场报名的考生应在一式两联的《考生报名登记表》（含照片）上确认信息，对于错误的信息应当场提出，考点更改后再次确认，无误后方可签字；网上报名的考生，考生自己对填报的信息负责。

（4）现场报名的考生领取准考证时，应携带考生报名登记表（考生留存）和有效身份证件方能领取，并自行查看考场分布、时间；网上报名的考生，按省级承办机构要求完成相应的工作。

2．考生应携带本人准考证和有效身份证件参加考试。

3．考生应在考前 15 分钟到达考场，交验准考证和有效身份证件。

4．考生提前 5 分钟在考试系统中输入自己的准考证号，并核对屏幕显示的姓名、有效身份证件号，如不符合，由监考人员帮其查找原因。考生信息以报名库和考生签字的《考生报名登记表》信息为准，不得更改报名信息和登录信息。

5．考试开始后，迟到考生禁止入场，考试开始 15 分钟后考生才能交卷并离开考场。

6．在系统故障、死机、死循环、供电故障等特殊情况时，考生举手由监考人员判断原因。如属于考生误操作造成，后果由考生自负，给考点造成经济损失的，由考生个人负担。

7．对于违规考生，由教育部考试中心根据违规记录进行处理。

8．考生成绩等级分为优秀、良好、及格、不及格四等，90—100 分为优秀、80—89 分为良好、60—79 分为及格、0—59 分为不及格。

9．证书的"成绩"项处，成绩"及格"，证书上只打印"合格"字样；成绩"优秀"的，证书上打印"优秀"字样，成绩"良好"的，证书上打印"良好"字样。

10．考生领取全国计算机等级考试合格证书时，应本人持有效身份证件来领取，并填写领取登记清单。

11．考生对分数的任何疑问，应在省级承办机构下发成绩后 5 个工作日内，向其报名的考点提出书面申请。

12．由于个人原因将合格证书遗失、损坏等情况的，可以申请补办合格证书，由考生个人在中国教育考试网（www.neea.edu.cn）申请办理。

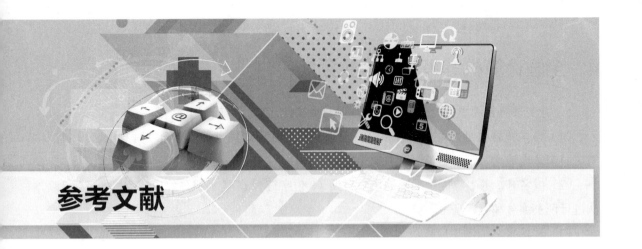

参考文献

[1] 教育部考试中心. 全国计算机等级考试一级教程[M]. 北京：高等教育出版社，2018.

[2] 李建华，李俭霞. 计算机应用基础[M]. 北京：高等教育出版社，2017.

[3] 郭领艳，常淑凤. 计算机应用基础（Windows 7+Office 2010）[M]. 北京：化学工业出版社，2016

[4] 导向工作室. Office 2010 办公自动化培训教程[M]. 北京：人民邮电出版社，2014

[5] 九州书源. Word 2003/Excel 2003/PowerPoint 2003 办公应用[M]. 北京：清华大学出版社，2015.

[6] 高天哲，孙伟. 计算机应用基础（Windows 7+Office 2010）. 北京：化学工业出版社，2016.

[7] 未来教育教学与研究中心. 全国计算机等级考试教程一级计算机基础及 MS Office 应用. 北京：人民邮电出版社，2013.